Thomas Röser

Logicals für den Mathematikunterricht

Rätsel für die 7./8. Klasse in zwei Differenzierungsstufen

PERSEN

Der Autor

Thomas Röser ist ein erfahrener Realschullehrer. Er hat zahlreiche Fachpublikationen veröffentlicht.

Gedruckt auf umweltbewusst gefertigtem, chlorfrei gebleichtem und alterungsbeständigem Papier.

1. Auflage 2018

Grafik: Stefan Lucas, Julia Flasche, Satzpunkt Ursula Ewert GmbH
Satz: Satzpunkt Ursula Ewert GmbH, Bayreuth

ISBN: 978-3-403-20225-7

www.persen.de

Inhaltsverzeichnis

Vorwort

Die Logicals für den Mathematikunterricht der Klassenstufen 7/8 orientieren sich thematisch an den Anforderungen der geltenden Rahmenlehrpläne Mathematik und berücksichtigen in besonderem Maße die Beschlüsse der Kultusministerkonferenz über die Vereinbarung der Bildungsstandards für das Fach Mathematik für den mittleren Schulabschluss.

Darüber hinaus fördern und fordern sie die Lesekompetenz der Schüler[1], die als fächerübergreifendes Unterrichtsprinzip alle Schulfächer umfasst, also auch den Mathematikunterricht.

Die vorgestellten mathematisch orientierten Logicals bieten Ihnen als Fachkraft, aber auch dem fachfremd unterrichtenden Lehrer, unterschiedliche didaktische wie methodische Einsatzmöglichkeiten in der täglichen Unterrichtsarbeit. Sie können sowohl individuell als auch gemeinschaftlich, als Partner oder in der Kleingruppe bearbeitet werden.

Folgende Einsatzmöglichkeiten sind im Einzelnen denkbar:

- zur Vertiefung des erarbeiteten Lernstoffes
- zur Wiederholung von Unterrichtsthemen
- zur inneren und äußeren Differenzierung
- als Hausaufgabe
- als Arbeitsauftrag im Rahmen der Stillarbeit
- als Auftrag für Partner- bzw. Gruppenarbeit
- als wettbewerbsfördernde Maßnahme
- in Vertretungsstunden
- als Anreiz, selbst Logicals dieser Art zu entwerfen

Jedes Logical enthält mindestens eine konkrete Frage oder Aufgabenstellung, die durch sorgfältiges, sinnentnehmendes Lesen und dem vorauszusetzenden mathematischen Verständnis gelöst werden kann. Nur wer genau liest, die Informationen sachlogisch miteinander verknüpft und in eine sachgerechte Reihenfolge bringt, kommt zur Lösung. So lernen die Schüler, bei einer entsprechenden Konzentration systematisch und kombinatorisch vorzugehen.

Aufgrund ihres Aufforderungscharakters sind Logicals besonders geeignet, den Spaß am Denken, Knobeln oder Experimentieren zu wecken und für längere Zeit zu erhalten. Wie Detektive durchforsten die Schüler die vorgegebenen Ausgangssätze, suchen nach einem möglichen Ansatzpunkt, dann nach der nächsten Spur und können so zu einem eigenen Erfolgserlebnis kommen. Dabei ist es unerheblich, ob dieses individuell oder als Gemeinschaftsarbeit entsteht.

In der Mathematik ist es zusätzlich möglich, Rechenoperationen in die Ausgangssätze und Aufgabenstellungen einzubeziehen, wie z. B. das Ausrechnen einer Fläche, wenn Länge und Breite bekannt sind, oder auch bestimmte Fachbegriffe zu thematisieren. So üben die Schüler neben der Lese- und Denkfähigkeit zusätzlich auch den Umgang mit mathematisch fachspezifischen Kompetenzen.

Jedes der 25 mathematischen Logicals wird grundsätzlich in zwei Schwierigkeitsstufen angeboten, um so unterschiedlichen Fähigkeiten, Begabungen und Lernvoraussetzungen gerecht zu werden. So sind jederzeit die Differenzierung der Thematik und damit die Berücksichtigung von heterogenem Schülerpotenzial möglich.

Die einfache Inhaltsstufe umfasst zehn, die schwierigere zwölf Ausgangssätze. Je mehr Informationen den Schülern zur Verfügung stehen, desto mehr müssen sie kombinieren und mitdenken, zumal erhöhte Anforderungen oft mit einer Ausdehnung von Satzstrukturen einhergeht.

[1] Aufgrund der besseren Lesbarkeit wird in diesem Werk die männliche Form verwendet. Selbstverständlich sind auch alle Schülerinnen und Lehrerinnen gemeint.

Die mathematischen Grundkenntnisse beziehen sich auf:

- Zuordnungen (proportional, antiproportional, Prozentrechnen, Zinsrechnen)
- Terme und Gleichungen (Zusammenfassen, Vereinfachen, Äqivalenzumformungen, Ungleichungen, Textgleichungen)
- Geometrie: Körpernetze (Kreis, Zylinder, Volumen, Netze)
- Stochastik (Häufigkeit, Mittelwert, Zufall)

Man kann davon ausgehen, dass den Schülern die Arbeit mit Logicals aus ihrer bisherigen Schulzeit vertraut ist. Sollte dies nicht der Fall sein, müsste der Lehrer gemeinsam mit der Klasse ein Musterbeispiel erarbeiten und das Prinzip der Logicals erklären.

Für die praktische Arbeit mit den Logicals empfiehlt sich folgendes Vorgehen:

- Vertraut machen mit der Ausgangssituation, der Aufgabenstellung und den angebotenen Satzvorgaben
- Verinnerlichung der geforderten Herangehensweise, die ausmalen, eine Tabelle ausfüllen, selbst zeichnen oder rechnen beinhaltet; oft auch als Kombination zweier Möglichkeiten angesetzt.
- Heraussuchen des Ausgangspunktes als erster Lösungsschritt
- berücksichtigte Sätze aus Gründen der Übersichtlichkeit markieren oder abhaken
- Lösungen in der Tabelle zunächst mit Bleistift eintragen, um einfacher korrigieren zu können
- Bei der Integration von mathematischen Rechenoperationen in das Logical wird meist ein Hinweis auf die entsprechende Formel oder Regel gegeben.

In der Übersichtstabelle (siehe Seite 6 und 7) können Sie sich einen Überblick über den jeweiligen Schwierigkeitsgrad, die Art der Bearbeitung und die mathematische Fragestellung verschaffen.

Im Anschluss an jedes thematische Logical finden Sie ein Lösungsblatt, auf dem das Arbeitsblatt mit ausgefüllten Tabellen und den geforderten Rechenoperationen bzw. Zeichnungen abgebildet ist. Dazu kommt über dem Logical ein Hinweis auf die mögliche Reihenfolge zur Umsetzung der Ausgangssätze. Die Reihenfolge versteht sich als ein möglicher gangbarer Weg und ist in einigen Beispielen in der Abfolge durchaus veränderbar und führt dennoch zur eindeutigen Lösung.

Ihnen und Ihren Schülern wünsche ich viel Spaß beim Lösen der vielfältigen Aufgaben.

Thomas Röser

Übersichtstabelle

ausmalen | Tabelle ausfüllen | rechnen | selbst zeichnen

	Themengebiet	Stichworte zum Inhalt: einfach		Stichworte zum Inhalt: schwierig	
Zuordnungen					
1	**Prozentrechnung 1**	Tabelle ausfüllen, rechnen	Grundwert, Prozentwert, Prozentsatz, Prozentwert berechnen	Tabelle ausfüllen, rechnen	Grundwert, Prozentwert, Prozentsatz, Prozentwert berechnen
2	**Prozentrechnung 2**	ausmalen, rechnen	Kreisdiagramm, Prozentsatz, Gradumrechnung	ausmalen, rechnen, Tabelle ausfüllen	Kreisdiagramm, Prozentsatz, Gradumrechnung, Grundwert
3	**Proportionale Zuordnung**	Tabelle ausfüllen, rechnen	Proportionale Zuordnung: Fahrkilometer – Benzinverbrauch	rechnen	Proportionale Zuordnung: Menge – Preis; Gesamtkosten
4	**Antiproportionale Zuordnung**	Tabelle ausfüllen, rechnen	Antiproportionale Zuordnung: Anzahl der Tiere – Futtermenge	Tabelle ausfüllen, rechnen	Antiproportionale Zuordnung: Gesamtkosten – Tagesdauer
5	**Zinsrechnung 1**	Tabelle ausfüllen, rechnen	Anzahlung, Laufzeit, Rate, Gesamtpreis	Tabelle ausfüllen, rechnen	Zinssatz, Zinsen, Laufzeit, Gesamtbetrag
6	**Zinsrechnung 2**	Tabelle ausfüllen, rechnen	Kapital, Zinssatz, Zeit Zinsen, Zinsformel: $z = {}^{k \cdot i \cdot p}/_{100}$	Tabelle ausfüllen, rechnen	Kredit, Zinssatz, Zeit, Zinsen Zinsformel: $z = {}^{k \cdot i \cdot p}/_{100}$
Terme und Gleichungen					
7	**Termumformungen**	Tabelle ausfüllen, rechnen	Multiplikation und Division von Summen/ Differenzen	Tabelle ausfüllen, rechnen	Grundrechenarten mit Termen, Umformungen und Vereinfachungen
8	**Textgleichungen**	Tabelle ausfüllen	Gleichung mit zwei Unbekannten; Gleichung aufstellen	Tabelle ausfüllen	Gleichung mit zwei Unbekannten; Gleichung aufstellen und berechnen
9	**Terme und Gleichungen**	Tabelle ausfüllen	Terme: Vereinfachen, Punktrechnung, Ausklammern	Tabelle ausfüllen	Gleichungen, Ungleichungen, Bruchgleichungen, Klammern
10	**Äquivalenzumformungen 1**	Tabelle ausfüllen	Äquivalenzumformungen	Tabelle ausfüllen	Äquivalenzumformungen, Ungleichungen
11	**Zahlenrätsel**	Tabelle ausfüllen, rechnen	Textfragmente umsetzen, Text formulieren	Tabelle ausfüllen, rechnen	Textfragmente umsetzen, Text formulieren
12	**Äquivalenzumformungen 2**	Tabelle ausfüllen, rechnen	Umformungen, Klammern auflösen, zusammenfassen	Tabelle ausfüllen, rechnen	Umformungen, Klammer auflösen, ordnen, zusammenfassen
13	**Mehrgliedrige Terme**	Tabelle ausfüllen, rechnen	Umsetzen von Termen in einen Rechenbaum	Tabelle ausfüllen, rechnen	Umsetzen von Termen in einen Rechenbaum

ausmalen | Tabelle ausfüllen | rechnen | selbst zeichnen

	Themengebiet	Stichworte zum Inhalt – einfach		Stichworte zum Inhalt – schwierig	
14	**Flächenberechnung**	Tabelle ausfüllen, rechnen	Textteile, umsetzen, Flächeninhalt, Gleichung	rechnen, Tabelle ausfüllen	Textteile, umsetzen, Flächeninhalt, Gleichung, ausrechnen
Körper und ihre Netze					
15	**Kreis/Kreisteile**	selbst zeichnen, ausmalen, selbst zeichnen	Quadrat, Halbkreis, Sichel, Mittelpunkt	selbst zeichnen, ausmalen, selbst zeichnen	Quadrat, Halbkreis, Blütenblätter
16	**Kreisringe**	Tabelle ausfüllen, rechnen	Kreisring, Durchmesser, Radius	rechnen	Kreisringe, Durchmesser, Radius
17	**Körperkunde**	Tabelle ausfüllen	Würfel, Prisma, Würfel, Quader, Kugel	Tabelle ausfüllen	Kegel, Pyramide, Zylinder, Trapezsäule, Prisma, Quader
18	**Formenkunde Körper**	Tabelle ausfüllen	Prisma, Zylinder, Pyramide, Quader, Grundfläche, Mantel	Tabelle ausfüllen	Grundfläche, Mantel, spitz, gerade, Pyramide, Zylinder, Kegel, Quader
19	**Körpernetze**	selbst zeichnen, ausmalen	Gleichseitiges Prisma, Rechteck, Dreieck	selbst zeichnen, ausmalen	Sechseckpyramide, Sechseck, Dreiecke
20	**Körperformeln**	Tabelle ausfüllen	Zylinder, Quadratische Pyramide, Quader, Volumen, Oberfläche	Tabelle ausfüllen	Grundfläche, Mantel, spitz, gerade, Pyramide, Zylinder, Kegel, Quader
21	**Volumenberechnung**	Tabelle ausfüllen, rechnen	Zylinder, Radius, Durchmesser	Tabelle ausfüllen, rechnen	Prisma, Zylinder, Trapezsäule
22	**Zusammengesetzte Körper**	rechnen, Tabelle ausfüllen	Körperhöhe, Volumen Quader, Zylinder, Prisma, Quadratische Säule	rechnen, Tabelle ausfüllen	Grundfläche, Höhe, Volumen Quader, Trapezsäule, Zylinder, Kegel, Prisma
Statistik/Wahrscheinlichkeit					
23	**Relative Häufigkeit**	Tabelle ausfüllen, rechnen	Relative Häufigkeit berechnen, Prozentsatz	Tabelle ausfüllen, rechnen	Relative Häufigkeit berechnen, Prozentsatz
24	**Mittelwert/Spannweite**	Tabelle ausfüllen, rechnen	Mittelwert bestimmen	Tabelle ausfüllen, rechnen	Spannweite, Minimum, Maximum
25	**Zufallsexperimente und Wahrscheinlichkeit**	rechnen	Wahrscheinlichkeit berechnen, multiplizieren	Tabelle ausfüllen, rechnen	Zufallsexperiment, Wahrscheinlichkeiten multiplizieren

Dafür geben Mädchen Geld aus

Vier Freundinnen haben alle im April Geburtstag und als Hauptgeschenk Geld erhalten. An einem Nachmittag unterhalten sie sich darüber, wie sie Teile ihres Geburtsgeldes ausgeben möchten.

Wer hat den höchsten Geldbetrag erhalten?

____

Wie viel Geld möchte Jule wofür ausgeben?

____

____

Name	Gegenstand	erhaltener Betrag	ausgegebener Betrag (€)	ausgegebener Betrag (%)

1. Der höchste Geldbetrag des Geburtstagsgeldes ist 150,00 €.
2. Jule möchte 35 % ihres Geldes für DVDs ausgeben.
3. Nina beabsichtigt, 30,00 € auszugeben.
4. Zwei Mädchen haben die gleiche Summe als Geburtstagsgeld erhalten.
5. Hanna möchte 30 % ihres Geldes ausgeben, das entspricht 45,00 €.
6. Maria gibt für Musik-CDs kein Geld aus.
7. 48,00 € von ihrem Geburtstagsgeld von 120,00 € gibt Maria aus.
8. Für Kosmetik gibt ein Mädchen 25 % ihres Geldes aus.
9. Der höchste Prozentanteil, nämlich 40 %, wird für Kleidung ausgegeben.
10. Der höchste und zweithöchste Geldbetrag unterscheiden sich um 10,00 €.

Beliebte Sportarten bei Jungen

Für die Klassenstufe 7 einer Realschule wird eine Statistik über das sportliche Freizeitverhalten der Jungen erstellt.

Wie viele Jungen haben Fußball als Freizeitsport angegeben?

____

Wie viel Prozent haben sich für Leichtathletik entschieden?

____

____

Sportart	Prozent	Anzahl

1. Handball spielen genauso viele Jungen wie Tischtennis.
2. Die wenigsten Jungen betreiben Leichtathletik als Sport.
3. Keinen Sport betreiben fünfmal so viele Jungen wie Leichtathletik.
4. Tischtennis haben genau 15 % der Jungen angegeben.
5. Eine Sportart wird von 30 % der Jungen betrieben.
6. Die Anzahl der Handballspieler beträgt 18.
7. 30 Jungen betreiben keinen Sport.
8. Die Zahl der Turner ist doppelt so hoch wie die der Leichtathleten.
9. Die beliebteste Sportart ist Fußball.
10. Die Gesamtzahl der befragten Jungen beträgt 120.
11. $^1/_4$ aller Jungen hat sich bei keiner sportlichen Betätigung gemeldet.
12. Der Anzahl der Turner macht genau $^1/_{10}$ aus.

Dafür geben Mädchen Geld aus

Vier Freundinnen haben alle im April Geburtstag und als Hauptgeschenk Geld erhalten. An einem Nachmittag unterhalten sie sich darüber, wie sie Teile ihres Geburtsgeldes ausgeben möchten.

Wer hat den höchsten Geldbetrag erhalten?

Hanna hat mit 150,00 € den höchsten Geldbetrag erhalten.

Wie viel Geld möchte Jule wofür ausgeben?

Jule möchte 49,00 € für Spielfilme ausgeben.

Mögliche Reihenfolge: 2 – 3 – 5 – 7 – 8 – 9 – 6 – 4 – 1 – 10

Name	Gegenstand	erhaltener Betrag	ausgegebener Betrag (€)	ausgegebener Betrag (%)
Jule	DVDs	140,00 €	49,00 €	35 %
Nina	Kosmetik	120,00 €	30,00 €	25 %
Hanna	Musik-CDs	150,00 €	45,00 €	30 %
Maria	Kleidung	120,00 €	48,00 €	40 %

1. Der höchste Geldbetrag des Geburtstagsgeldes ist 150,00 €.
2. Jule möchte 35 % ihres Geldes für DVDs ausgeben.
3. Nina beabsichtigt, 30,00 € auszugeben.
4. Zwei Mädchen haben die gleiche Summe als Geburtstagsgeld erhalten.
5. Hanna möchte 30 % ihres Geldes ausgeben, das entspricht 45,00 €.
6. Maria gibt für Musik-CDs kein Geld aus.
7. 48,00 € von ihrem Geburtstagsgeld von 120,00 € gibt Maria aus.
8. Für Kosmetik gibt ein Mädchen 25 % ihres Geldes aus.
9. Der höchste Prozentanteil, nämlich 40 %, wird für Kleidung ausgegeben.
10. Der höchste und zweithöchste Geldbetrag unterscheiden sich um 10,00 €.

Beliebte Sportarten bei Jungen

Für die Klassenstufe 7 einer Realschule wird eine Statistik über das sportliche Freizeitverhalten der Jungen erstellt.

Wie viele Jungen haben Fußball als Freizeitsport angegeben?

Fußball als Freizeitsport haben 36 Jungen angegeben.

Wie viel Prozent haben sich für Leichtathletik entschieden?

Leichtathletik betreiben 5 % der Jungen.

Mögliche Reihenfolge: 4 – 6 – 1 – 7 – 3 – 2 – 8 – 10 – 5 – 11 – 12 – 9

Sportart	Prozent	Anzahl
Tischtennis	15 %	18 Jungen
Handball	15 %	18 Jungen
keinen Sport	25 %	30 Jungen
Leichtathletik	5 %	6 Jungen
Turnen	10 %	12 Jungen
Fußball	30 %	36 Jungen
Gesamt:	100 %	120 Jungen

1. Handball spielen genauso viele Jungen wie Tischtennis.
2. Die wenigsten Jungen betreiben Leichtathletik als Sport.
3. Keinen Sport betreiben fünfmal so viele Jungen wie Leichtathletik.
4. Tischtennis haben genau 15 % der Jungen angegeben.
5. Eine Sportart wird von 30 % der Jungen betrieben.
6. Die Anzahl der Handballspieler beträgt 18.
7. 30 Jungen betreiben keinen Sport.
8. Die Zahl der Turner ist doppelt so hoch wie die der Leichtathleten.
9. Die beliebteste Sportart ist Fußball.
10. Die Gesamtzahl der befragten Jungen beträgt 120.
11. $^1/_4$ aller Jungen hat sich bei keiner sportlichen Betätigung gemeldet.
12. Der Anzahl der Turner macht genau $^1/_{10}$ aus.

Ziele für eine mehrtägige Klassenfahrt

Seit Jahren führen die siebten Klassen gegen Ende des Schuljahres eine mehrtägige Klassenfahrt durch. Das jeweilige Ziel wird durch Abstimmung festgelegt. Das folgende Abstimmungsergebnis soll in einem farbigen Kreisdiagramm präsentiert werden.

Welche beiden Ziele haben die gleiche Stimmenzahl erhalten?

___

Gib die Stimmen in Prozent an.

___

___

1. Der Sektor des Bodensees wird im Kreisdiagramm blau eingefärbt.
2. Berlin erhält im Diagramm einen Sektor von 64,8°.
3. Die Farbe Lila gehört nicht zum Ziel Nordsee.
4. Der Bodensee hat mit 30 % die meisten Stimmen erhalten.
5. Der Schwarzwald hat halb so viele Stimmen wie der Bodensee erhalten.
6. Für das Reiseziel Alpen ist ein Sektor mit 54° auszuweisen.
7. Die Alpen haben halb so viele Stimmen wie der Bodensee erhalten.
8. An die Nordsee wollen 22 % der Schüler, das entspricht 79,2°.
9. Die noch fehlende Ausmalfarbe ist Grün.
10. Berlin wird rot eingefärbt, die Alpen gelb.

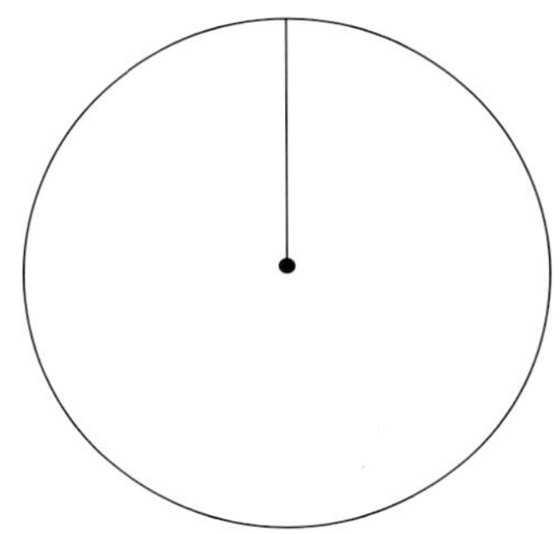

Wahl des Schulsprechers

Vier Schüler haben sich um das Amt des Schulsprechers beworben. Das Wahlergebnis soll mithilfe eines Kreisdiagramms dargestellt werden.

Für welchen Kandidaten wird der Kreissektor grün unterlegt?

____

Wie viele Schüler haben abgestimmt?

____

Trage die entsprechenden Werte in das Diagramm ein.

____

Name	Stimmenanzahl	Prozent	Farbe	Grad im Diagramm

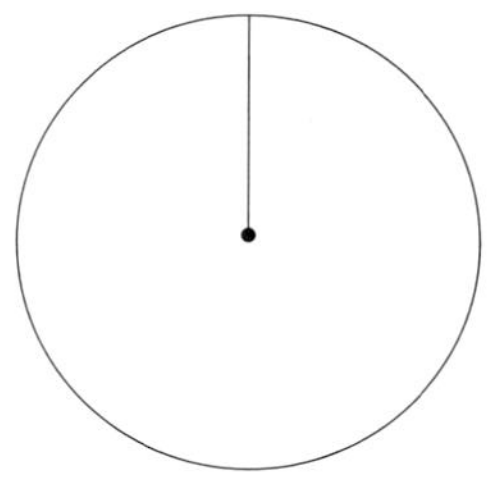

1. Sebastian hat 40 % der Stimmen erhalten.
2. 20 % der Stimmen entsprechen 150 Schülern.
3. Die Ergebnisse von Maria und Hanna unterscheiden sich um 30 Stimmen.
4. Der kleinste Kreissektor hat einen Winkel von 64,8°.
5. 165 Schüler haben für Hanna gestimmt.
6. In dem Kreisdiagramm wird Hannas Stimmenanteil gelb unterlegt.
7. Luca hat halb so viele Stimmen erhalten wie Sebastian.
8. Der größte Kreissektor ist rot und misst 144°.
9. Maria hat mit 18 % die wenigsten aller Stimmen erhalten.
10. Marias Stimmenanteil wird nicht blau unterlegt.
11. Sebastians Anteil wird rot eingefärbt.
12. 22 % der Stimmen entsprechen einem Winkelmaß von 79,2°.

Ziele für eine mehrtägige Klassenfahrt

Seit Jahren führen die siebten Klassen gegen Ende des Schuljahres eine mehrtägige Klassenfahrt durch. Das jeweilige Ziel wird durch Abstimmung festgelegt. Das folgende Abstimmungsergebnis soll in einem farbigen Kreisdiagramm präsentiert werden.

Welche beiden Ziele haben die gleiche Stimmenzahl erhalten?

Die Reiseziele Schwarzwald und Alpen haben die gleiche Stimmenanzahl erhalten.

Gib die Stimmen in Prozent an.

Schwarzwald: 15 %; Nordsee: 22 %; Bodensee: 30 %; Berlin: 18 %; Alpen: 15 %

Mögliche Reihenfolge: 2 – 6 – 10 – 4 – 7 – 1 – 5 – 3 – 8 – 9

1. Der Sektor des Bodensees wird im Kreisdiagramm blau eingefärbt.
2. Berlin erhält im Diagramm einen Sektor von 64,8°.
3. Die Farbe Lila gehört nicht zum Ziel Nordsee.
4. Der Bodensee hat mit 30 % die meisten Stimmen erhalten.
5. Der Schwarzwald hat halb so viele Stimmen wie der Bodensee erhalten.
6. Für das Reiseziel Alpen ist ein Sektor mit 54° auszuweisen.
7. Die Alpen haben halb so viele Stimmen wie der Bodensee erhalten.
8. An die Nordsee wollen 22 % der Schüler, das entspricht 79,2°.
9. Die noch fehlende Ausmalfarbe ist Grün.
10. Berlin wird rot eingefärbt, die Alpen gelb.

Wahl des Schulsprechers

Vier Schüler haben sich um das Amt des Schulsprechers beworben. Das Wahlergebnis soll mithilfe eines Kreisdiagramms dargestellt werden.

Für welchen Kandidaten wird der Kreissektor grün unterlegt?

Marias Kreissektor wird grün unterlegt.

Wie viele Schüler haben abgestimmt?

Es haben 750 Schüler abgestimmt.

Trage die entsprechenden Werte in das Diagramm ein.

Mögliche Reihenfolge: 1 – 5 – 6 – 7 – 2 – 9 – 10 – 4 – 3 – 11 – 8 – 12

Name	Stimmenanzahl	Prozent	Farbe	Grad im Diagramm
Sebastian	300	40 %	Rot	144°
Hanna	165	22 %	Gelb	79,2°
Luca	150	20 %	Blau	72°
Maria	135	18 %	Grün	64,8°

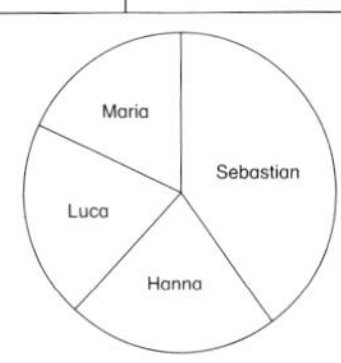

1. Sebastian hat 40 % der Stimmen erhalten.
2. 20 % der Stimmen entsprechen 150 Schülern.
3. Die Ergebnisse von Maria und Hanna unterscheiden sich um 30 Stimmen.
4. Der kleinste Kreissektor hat einen Winkel von 64,8°.
5. 165 Schüler haben für Hanna gestimmt.
6. In dem Kreisdiagramm wird Hannas Stimmenanteil gelb unterlegt.
7. Luca hat halb so viele Stimmen erhalten wie Sebastian.
8. Der größte Kreissektor ist rot und misst 144°.
9. Maria hat mit 18 % die wenigsten aller Stimmen erhalten.
10. Marias Stimmenanteil wird nicht blau unterlegt.
11. Sebastians Anteil wird rot eingefärbt.
12. 22 % der Stimmen entsprechen einem Winkelmaß von 79,2°.

Benzinsparender Reisebus

Für jeden Reiseunternehmer ist es wichtig, Busse einzusetzen, deren Benzinverbrauch möglichst gering ist. Anhand von vier Reisezielen wird untersucht, welcher Bus der sparsamste ist.

Der Bus auf welcher Strecke verbraucht am wenigsten Benzin?

Berechne dazu den durchschnittlichen Verbrauch auf 100 km.

Abfahrtsort	Zielort	km	Benzinverbrauch	Durchschnitt

1. Hamburg als Abfahrtsort kommt zweimal vor.
2. Für eine Verbindung ist ein Verbrauch von 107,5 l berechnet.
3. 114 l Verbrauch gilt nicht für die Strecke Hamburg–Köln.
4. Eine Verbindung geht von Kassel nach Berlin.
5. Die weiteste Entfernung beträgt 510 km.
6. Vom Abfahrtsort Koblenz werden 142,8 l kalkuliert.
7. Neben der kürzesten Strecke (170 km) gibt es auch eine 430 km weite Entfernung nach Köln.
8. Die kürzeste Strecke nach Hannover benötigt 47,6 l.
9. München wird nicht von Hamburg aus angefahren.
10. Die letzte noch fehlende Entfernung beträgt 380 km.

Handytarife im Vergleich

Finn hat für den vergangenen Monat folgende Daten für seine Handynutzung vorliegen:
Verbrauchte SMS: 250
Verbrauchte Telefoneinheiten: 120
Verbrauchte Internetstunden: 60

Für welchen der Anbieter A, B, C sollte Finn sich entscheiden?

Tarif	Grundgebühr	freie SMS	freie Telefonminuten	freie Internetstunden

1. Bei einem Tarif gibt es 100 freie Telefonminuten.
2. Tarif C hat eine Grundgebühr von 30,00 €.
3. Der Tarif mit der höchsten Grundgebühr beinhaltet die meisten freien Internetstunden.
4. 200 freie SMS bietet der Tarif B.
5. Zur geringsten Grundgebühr gehört die kleinste Zahl freier Telefonminuten, 10 weniger als die mittlere.
6. Tarif A bietet 20 SMS weniger im Monat als Tarif B.
7. Die niedrigste Grundgebühr beträgt 20,00 € bei 30 Stunden freiem Internet.
8. 30 Stunden freies Internet passen zu 180 freien SMS.
9. 45 Stunden freies Internet gehören nicht zu Tarif C.
10. Die höchste Anzahl freier Telefonminuten beträgt 120 bei 250 freien SMS.
11. Die Grundgebühren der Tarife steigern sich jeweils um 5,00 €.
12. Die freien Internetstunden steigern sich im 15-er-Schritt.

Anmerkung:
Jede über das Freikontingent hinausgehende SMS kostet 0,09 €.
Jede über das Freikontingent hinausgehende Telefonminute kostet 0,09 €.
Jede zusätzliche 15 Minuten Internet kosten 0,02 €.

Benzinsparender Reisebus

Für jeden Reiseunternehmer ist es wichtig, Busse einzusetzen, deren Benzinverbrauch möglichst gering ist. Anhand von vier Reisezielen wird untersucht, welcher Bus der sparsamste ist.

Der Bus auf welcher Strecke verbraucht am wenigsten Benzin?

Berechne dazu den durchschnittlichen Verbrauch auf 100 km.

Der Bus auf der Fahrstrecke Hamburg–Köln hat den geringsten Benzinverbrauch.

Rechnungsbeispiel für den Durchschnittsverbrauch Strecke Hamburg–Hannover: 47,6 : 170 · 100 = 28

Mögliche Reihenfolge: 4 – 6 – 1 – 9 – 8 – 3 – 2 – 7 – 5 – 10

Abfahrtsort	Zielort	km	Benzinverbrauch	Durchschnitt
Hamburg	Hannover	170	47,6 l	28 l
Hamburg	Köln	430	107,5 l	25 l
Koblenz	München	510	142,8 l	28 l
Kassel	Berlin	380	114 l	30 l

1. Hamburg als Abfahrtsort kommt zweimal vor.
2. Für eine Verbindung ist ein Verbrauch von 107,5 l berechnet.
3. 114 l Verbrauch gilt nicht für die Strecke Hamburg–Köln.
4. Eine Verbindung geht von Kassel nach Berlin.
5. Die weiteste Entfernung beträgt 510 km.
6. Vom Abfahrtsort Koblenz werden 142,8 l kalkuliert.
7. Neben der kürzesten Strecke (170 km) gibt es auch eine 430 km weite Entfernung nach Köln.
8. Die kürzeste Strecke nach Hannover benötigt 47,6 l.
9. München wird nicht von Hamburg aus angefahren.
10. Die letzte noch fehlende Entfernung beträgt 380 km.

Handytarife im Vergleich

Finn hat für den vergangenen Monat folgende Daten für seine Handynutzung vorliegen:
Verbrauchte SMS: 250
Verbrauchte Telefoneinheiten: 120
Verbrauchte Internetstunden: 60

Für welchen der Anbieter A, B, C sollte Finn sich entscheiden?

Finn sollte sich für Tarif C entscheiden, dort zahlt er am wenigsten.

Rechnung: jeweils: Grundgebühr + Zusatz-SMS + Zusatztelefon + Zusatzinternetstunden

Tarif A: 20,00 € + 70 · 0,09 + 30 · 0,09 + 120 · 0,02 = 31,40 €

Tarif B: 25,00 € + 50 · 0,09 + 20 · 0,09 + 60 · 0,02 = 32,50 €

Tarif C: 30,00 € + keine Zusatzkosten = 30,00 €

Mögliche Reihenfolge: 2 – 4 – 6 – 8 – 9 – 7 – 11 – 12 – 3 – 10 – 1 – 5

Tarif	Grundgebühr	freie SMS	freie Telefonminuten	freie Internetstunden
Tarif C	30,00 €	250	120 min	60 h
Tarif B	25,00 €	200	100 min	45 h
Tarif A	20,00 €	180	90 min	30 h

1. Bei einem Tarif gibt es 100 freie Telefonminuten.
2. Tarif C hat eine Grundgebühr von 30,00 €.
3. Der Tarif mit der höchsten Grundgebühr beinhaltet die meisten freien Internetstunden.
4. 200 freie SMS bietet der Tarif B.
5. Zur geringsten Grundgebühr gehört die kleinste Zahl freier Telefonminuten, 10 weniger als die mittlere.
6. Tarif A bietet 20 SMS weniger im Monat als Tarif B.
7. Die niedrigste Grundgebühr beträgt 20,00 € bei 30 Stunden freiem Internet.
8. 30 Stunden freies Internet passen zu 180 freien SMS.
9. 45 Stunden freies Internet gehören nicht zu Tarif C.
10. Die höchste Anzahl freier Telefonminuten beträgt 120 bei 250 freien SMS.
11. Die Grundgebühren der Tarife steigern sich jeweils um 5,00 €.
12. Die freien Internetstunden steigern sich im 15-er-Schritt.

Anmerkung:
Jede über das Freikontingent hinausgehende SMS kostet 0,09 €.
Jede über das Freikontingent hinausgehende Telefonminute kostet 0,09 €.
Jede zusätzliche 15 Minuten Internet kosten 0,02 €.

Vorratsmenge für Nager

Die drei Freunde Felix, Simon und Max vergleichen den Futtervorrat für ihre Haustiere. Jeder der drei besitzt noch die gleiche Menge an Vorrat.

Wie lange wird der Vorrat von Max noch reichen?

____

____

Wie viele Hasen muss Felix versorgen?

____

____

Name	Tiere gesamt	Hasen	Meerschweinchen	Vorratstage

1. Simon hat zwei Nager weniger zu versorgen als Max.
2. Der berechnete Vorrat für die wenigsten Tiere reicht noch für 15 Tage.
3. Felix besitzt die wenigsten Tiere.
4. In Simons Gehege leben zehn Meerschweinchen.
5. Genau die Hälfte an Meerschweinchen wie Simon besitzt Felix.
6. 18 Tiere gehören weder Felix noch Max.
7. Die höchste Anzahl von Hasen ist 12.
8. Max besitzt genau so viele Hasen wie Felix Tiere insgesamt.
9. Für die Tiere von Simon reicht der Vorrat noch zehn Tage.
10. Die Anzahl der Hasen eines Jungen ist gleich groß wie die Anzahl der Meerschweinchen eines anderen Jungen.

Klassenfahrtdauer

Für die Planung der Klassenfahrt zum Abschluss des 8. Schuljahres steht die feste Summe von 900,00 € pro Schüler zur Verfügung. Die Klasse möchte die Fahrt aussuchen, bei der sie möglichst lange unterwegs ist.
Wie viele Tage könnte die Klasse in den einzelnen Städten verbringen, wenn die Reisekosten als feste Größe angesetzt sind? Die Angebote gelten jeweils für einen Zeitraum von sechs Tagen. Bei welchem Angebot wird die Klassenfahrt am längsten dauern?

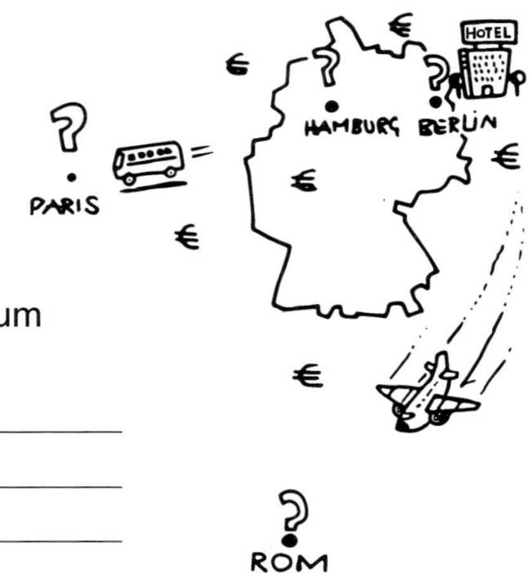

Zielort	Reisekosten	Kosten Unterkunft	Kosten Begleitprogramm	Tage

1. Die Unterkunft in Berlin ist mit 270,00 € am günstigsten.
2. Nach Rom sind die Reisekosten wegen der Flugreise am günstigsten.
3. Eine Reise nach Paris kostet pro Schüler 150,00 € für die Busfahrt und 550,00 € für die Unterkunft.
4. In Rom kostet das Begleitprogramm 240,00 €.
5. Zwei Reiseziele haben die gleichen Kosten für das Begleitprogramm.
6. Die Bahnfahrt nach Hamburg ist 30,00 € günstiger als die Busfahrt für 150,00 € nach Berlin.
7. Programmkosten von 200,00 € sind nicht für Berlin vorgesehen.
8. Die teuerste Unterkunft schlägt mit 550,00 € zu Buche.
9. Die Reisedauer für das Ziel Paris ist mit sechs Tagen angesetzt.
10. Das Begleitprogramm für Berlin ist 60,00 € günstiger als das für Rom.
11. 90,00 € beträgt der günstigste Reisepreis.
12. Die Unterkunft in Hamburg ist 10,00 €, die in Rom 150,00 € teurer als die preisgünstigste.

Lösungen

Vorratsmenge für Nager

Die drei Freunde Felix, Simon und Max vergleichen den Futtervorrat für ihre Haustiere. Jeder der drei besitzt noch die gleiche Menge an Vorrat.

Wie lange wird der Vorrat von Max noch reichen?

Der Vorrat von Max reicht noch neun Tage.

Rechnung: 18 Tiere = 10 Tage; 20 Tiere = 10 Tage · 18 : 20 = 9 Tage

Wie viele Hasen muss Felix versorgen?

Felix muss sieben Hasen versorgen.

Mögliche Reihenfolge: 4 – 5 – 6 – 9 – 1 – 10 – 3 – 7 – 8 – 2

Name	Tiere gesamt	Hasen	Meerschweinchen	Vorratstage
Simon	18	8	10	10
Felix	12	7	5	15
Max	20	12	8	9

1. Simon hat zwei Nager weniger zu versorgen als Max.
2. Der berechnete Vorrat für die wenigsten Tiere reicht noch für 15 Tage.
3. Felix besitzt die wenigsten Tiere.
4. In Simons Gehege leben zehn Meerschweinchen.
5. Genau die Hälfte an Meerschweinchen wie Simon besitzt Felix.
6. 18 Tiere gehören weder Felix noch Max.
7. Die höchste Anzahl von Hasen ist 12.
8. Max besitzt genau so viele Hasen wie Felix Tiere insgesamt.
9. Für die Tiere von Simon reicht der Vorrat noch zehn Tage.
10. Die Anzahl der Hasen eines Jungen ist gleich groß wie die Anzahl der Meerschweinchen eines anderen Jungen.

Klassenfahrtdauer

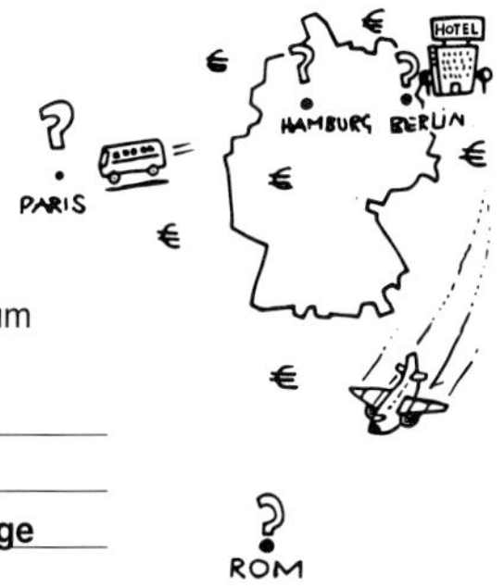

Für die Planung der Klassenfahrt zum Abschluss des 8. Schuljahres steht die feste Summe von 900,00 € pro Schüler zur Verfügung. Die Klasse möchte die Fahrt aussuchen, bei der sie möglichst lange unterwegs ist.
Wie viele Tage könnte die Klasse in den einzelnen Städten verbringen, wenn die Reisekosten als feste Größe angesetzt sind? Die Angebote gelten jeweils für einen Zeitraum von sechs Tagen. Bei welchem Angebot wird die Klassenfahrt am längsten dauern?

Nach Berlin bzw. Hamburg kann die Klassenfahrt 10 Tage dauern.

Berlin: 600 € – 150 € = 450 €, 900 € – 150 € = 750 €

450 € = 6 Tage, 750 € = x Tage → Rechnung: 6 · 750 € / 450 € = 10 Tage

Rom: 750 € – 90 € = 660 €, 900 € – 90 € = 810 €

660 € = 6 Tage, 810 € = x Tage → Rechnung: 6 · 810 € / 660 € = 7,4 Tage

Hamburg: 600 € – 120 € = 480 €, 900 € – 120 € = 780 €

480 € = 6 Tage, 780 € = x Tage → Rechnung: 6 · 780 € / 480 € = 9,75 Tage

Mögliche Reihenfolge: 1 – 3 – 4 – 6 – 9 – 10 – 7 – 5 – 11 – 2 – 8 – 12

Zielort	Reisekosten	Kosten Unterkunft	Kosten Begleitprogramm	Tage
Berlin	150,00 €	270,00 €	180,00 €	9
Paris	150,00 €	550,00 €	200,00 €	6
Rom	90,00 €	420,00 €	240,00 €	7
Hamburg	120,00 €	280,00 €	200,00 €	9

1. Die Unterkunft in Berlin ist mit 270,00 € am günstigsten.
2. Nach Rom sind die Reisekosten wegen der Flugreise am günstigsten.
3. Eine Reise nach Paris kostet pro Schüler 150,00 € für die Busfahrt und 550,00 € für die Unterkunft.
4. In Rom kostet das Begleitprogramm 240,00 €.
5. Zwei Reiseziele haben die gleichen Kosten für das Begleitprogramm.
6. Die Bahnfahrt nach Hamburg ist 30,00 € günstiger als die Busfahrt für 150,00 € nach Berlin.
7. Programmkosten von 200,00 € sind nicht für Berlin vorgesehen.
8. Die teuerste Unterkunft schlägt mit 550,00 € zu Buche.
9. Die Reisedauer für das Ziel Paris ist mit sechs Tagen angesetzt.
10. Das Begleitprogramm für Berlin ist 60,00 € günstiger als das für Rom.
11. 90,00 € beträgt der günstigste Reisepreis.
12. Die Unterkunft in Hamburg ist 10,00 €, die in Rom 150,00 € teurer als die preisgünstigste.

Das preiswerteste Auto

Für den Kauf eines Autos hat Herr Kreft 10.000,00 € zur Verfügung. Er erhält Angebote von drei unterschiedlichen Autohäusern. Herr Kreft kann bis zu 5.000,00 € sofort ausgeben.

Bei welchem Angebot wird Herr Kreft zuschlagen?

Autohaus	Anzahlung	Laufzeit	monatliche Rate	Gesamtpreis

1. Autohaus B verlangt die höchste monatliche Rate.
2. Die Laufzeiten bewegen sich zwischen 24 und 36 Monaten.
3. Autohaus C verlangt eine Anzahlung von 4.500,00 €.
4. Autohaus A bietet eine Laufzeit von 36 Monaten.
5. Die geringste monatliche Rate beträgt 152,00 €.
6. 1.000,00 € weniger als bei Autohaus B ist die Anzahlung bei Autohaus A.
7. Für den Finanzierungsrahmen von 5.500,00 € beträgt die Laufzeit 30 Monate.
8. Bei Autohaus B muss genau die Hälfte vom Kaufpreis angezahlt werden.
9. Die monatliche Rate von 200,00 € verlangt nicht Autohaus A.
10. Die höchste Monatsrate beträgt 55,00 € mehr als die mittlere.

Das beste Festgeldangebot

Zur Konfirmation hat Simon vor allem Geld geschenkt bekommen. Den Betrag von 1.500,00 € möchte er gern als Festgeld anlegen, um ihn später für einen Roller einsetzen zu können.

Welche Bank bietet den höchsten Zinssatz?

Überprüfe den Zinssatz durch Nachrechnen.

Bank	Laufzeit	Zinssatz	Zinsen	Endkapital

1. Eine Laufzeit von acht Monaten bietet nicht Bank C an.
2. Bank C zahlt nach der angebotenen Laufzeit 37,50 € Zinsen.
3. Eine Bank bietet einen Zinssatz von 2,5 % an.
4. 22,50 € Zinsen bietet Bank A für die entsprechende Laufzeit.
5. Bei Bank C wächst das Kapital mit Zinsen auf 1.537,50 € an.
6. Die geringste Laufzeit beträgt ein halbes Jahr.
7. Die Zinssätze variieren je nach Laufzeit um 0,25 %.
8. 2,75 % von Bank B ist nicht der höchste angebotene Zinssatz.
9. Bank C bietet den niedrigsten Zinssatz an.
10. 1.527,50 € ist das Ergebnis von Kapital und Zinsen bei einer Bank.
11. Die längste Laufzeit ist doppelt so lang wie die kürzeste Laufzeit.
12. Bank A bietet die kürzeste Laufzeit für Festgeld an.

Das preiswerteste Auto

Für den Kauf eines Autos hat Herr Kreft 10.000,00 € zur Verfügung. Er erhält Angebote von drei unterschiedlichen Autohäusern. Herr Kreft kann bis zu 5.000,00 € sofort ausgeben.

Bei welchem Angebot wird Herr Kreft zuschlagen?

Herr Kreft wird sich für das Angebot von Autohaus A entscheiden (9472,00 €).

Mögliche Reihenfolge: 3 – 4 – 7 – 2 – 8 – 6 – 5 – 9 – 1 – 10

Autohaus	Anzahlung	Laufzeit	monatliche Rate	Gesamtpreis
Autohaus A	4.000,00 €	36 Monate	152,00 €	9.472,00 €
Autohaus B	5.000,00 €	24 Monate	255,00 €	11.500,00 €
Autohaus C	4.500,00 €	30 Monate	200,00 €	10.500,00 €

1. Autohaus B verlangt die höchste monatliche Rate.
2. Die Laufzeiten bewegen sich zwischen 24 und 36 Monaten.
3. Autohaus C verlangt eine Anzahlung von 4.500,00 €.
4. Autohaus A bietet eine Laufzeit von 36 Monaten.
5. Die geringste monatliche Rate beträgt 152,00 €.
6. 1.000,00 € weniger als bei Autohaus B ist die Anzahlung bei Autohaus A.
7. Für den Finanzierungsrahmen von 5.500,00 € beträgt die Laufzeit 30 Monate.
8. Bei Autohaus B muss genau die Hälfte vom Kaufpreis angezahlt werden.
9. Die monatliche Rate von 200,00 € verlangt nicht Autohaus A.
10. Die höchste Monatsrate beträgt 55,00 € mehr als die mittlere.

Das beste Festgeldangebot

Zur Konfirmation hat Simon vor allem Geld geschenkt bekommen. Den Betrag von 1.500,00 € möchte er gern als Festgeld anlegen, um ihn später für einen Roller einsetzen zu können.

Welche Bank bietet den höchsten Zinssatz?

Bank A bietet mit 3 % den höchsten Zinssatz.

Überprüfe den Zinssatz durch Nachrechnen.

Rechnungsbeispiel Bank A:

$$Z = K \cdot \frac{p}{100\,\%} \cdot \frac{i}{12\text{ Monate}}$$

K = Kapital, Z = Zinsen,

$$p = \frac{Z}{K} \cdot 100\,\% \cdot \frac{12\text{ Monate}}{i} = \frac{22{,}50}{1.500{,}00\text{ €}} \cdot 100\,\% \cdot \frac{12\text{ Monate}}{6\text{ Monate}} = 3\,\%$$

p = Zinssatz, i = Zeit (Monate)

Mögliche Reihenfolge: 2 – 4 – 5 – 12 – 6 – 1 – 11 – 10 – 9 – 3 – 8 – 7

Bank	Laufzeit	Zinssatz	Zinsen	Endkapital
Bank A	6 Monate	3 %	22,50 €	1.522,50 €
Bank B	8 Monate	2,75 %	27,50 €	1.527,50 €
Bank C	12 Monate	2,5 %	37,50 €	1.537,50 €

1. Eine Laufzeit von acht Monaten bietet nicht Bank C an.
2. Bank C zahlt nach der angebotenen Laufzeit 37,50 € Zinsen.
3. Eine Bank bietet einen Zinssatz von 2,5 % an.
4. 22,50 € Zinsen bietet Bank A für die entsprechende Laufzeit.
5. Bei Bank C wächst das Kapital mit Zinsen auf 1.537,50 € an.
6. Die geringste Laufzeit beträgt ein halbes Jahr.
7. Die Zinssätze variieren je nach Laufzeit um 0,25 %.
8. 2,75 % von Bank B ist nicht der höchste angebotene Zinssatz.
9. Bank C bietet den niedrigsten Zinssatz an.
10. 1.527,50 € ist das Ergebnis von Kapital und Zinsen bei einer Bank.
11. Die längste Laufzeit ist doppelt so lang wie die kürzeste Laufzeit.
12. Bank A bietet die kürzeste Laufzeit für Festgeld an.

Zinssatz gesucht

Luca erhält die Aufgabe, zu überprüfen, hinter welchem Angebot sich der höchste Zinssatz versteckt.

Welches ist der höchste, welches der niedrigste angebotene Zinssatz?

Kapital	Zinssatz	Zeit	Zinsen

1. Die Kapitaleinlagen unterscheiden sich jeweils um 500,00 €.
2. Die geringste Einlage beträgt 2.000,00 €.
3. 21,00 € Zinsen bringt ein Kapital in 180 Tagen.
4. 1,6 % ist der Zinssatz beim mittleren Kapitaleinsatz.
5. Eine Zeitspanne von acht Monaten gehört nicht zur höchsten Kapitaleinlage.
6. Der höchste Kapitalbetrag gehört zum Zeitansatz von 180 Tagen.
7. Die höchste Kapitaleinlage wird mit 1,4 % Zinsen angesetzt.
8. 12,50 € Zinsen gehören zum geringsten Zeitansatz.
9. Der geringste Zeitansatz ist 30 Tage weniger als die schon bekannte Tagesangabe.
10. Die höchsten Zinsen betragen 26,66 € bei einem Zinssatz von 1,6 %.

Zinssatz gesucht

Tim, Britta und Paul vergleichen die Kreditangebote, die sie von ihrer Bank erhalten haben.

Wer hat den höchsten, wer den geringsten Zinssatz zu zahlen?

Welche beiden Zeitansätze sind gleich?

Name	Kreditsumme	Zinssatz	Zeit	Zinsen

1. Die Kreditsummen bewegen sich zwischen 5.000,00 € und 4.500,00 €.
2. Für zwei Angebote sind die Laufzeiten identisch.
3. Paul muss für neun Monate 190,80 € Zinsen zahlen.
4. Tim kalkuliert mit der runden Summe von 5.000,00 €.
5. Pauls Kredit hat einen Zinssatz, der zwischen dem von Tims und Brittas Zinssatz liegt.
6. Die höchste Zinszahlung ist 229,16 €.
7. Für einen Kredit von zehn Monaten werden 5,5 % Zinsen verlangt.
8. Britta hat die geringste Kreditsumme angesetzt.
9. 196,87 € Zinsen sind für eine Laufzeit von 300 Tagen fällig.
10. Pauls Kreditwunsch beträgt 200,00 € weniger als Tims.
11. Das niedrigste Kreditangebot liegt bei 5,25 % bei 300 Tagen Laufzeit.
12. Britta hat die Laufzeit in Tagen angegeben.

Zinssatz gesucht

Luca erhält die Aufgabe, zu überprüfen, hinter welchem Angebot sich der höchste Zinssatz versteckt.

Welches ist der höchste, welches der niedrigste angebotene Zinssatz?

Der höchste Zinssatz liegt bei 1,6 %, der niedrigste bei 1,4 %.

$Z = K \cdot \frac{p}{100\,\%} \cdot \frac{i}{360\text{ Tage}}$ K = Kapital, Z = Zinsen,

$p = \frac{Z}{K} \cdot 100\,\% \cdot \frac{360\text{ Tage}}{i} = \frac{12{,}50}{2.000{,}00\,€} \cdot 100\,\% \cdot \frac{360\text{ Tage}}{150\text{ Tage}} = 1{,}5\,\%$ p = Zinssatz, i = Zeit (Tage)

Mögliche Reihenfolge: 3 – 9 – 8 – 10 – 4 – 5 – 6 – 7 – 1 – 2

Kapital	Zinssatz	Zeit	Zinsen
3.000,00 €	1,4 %	180 Tage	21,00 €
2.000,00 €	1,5 %	150 Tage	12,50 €
2.500,00 €	1,6 %	8 Monate	26,66 €

1. Die Kapitaleinlagen unterscheiden sich jeweils um 500,00 €.
2. Die geringste Einlage beträgt 2.000,00 €.
3. 21,00 € Zinsen bringt ein Kapital in 180 Tagen.
4. 1,6 % ist der Zinssatz beim mittleren Kapitaleinsatz.
5. Eine Zeitspanne von acht Monaten gehört nicht zur höchsten Kapitaleinlage.
6. Der höchste Kapitalbetrag gehört zum Zeitansatz von 180 Tagen.
7. Die höchste Kapitaleinlage wird mit 1,4 % Zinsen angesetzt.
8. 12,50 € Zinsen gehören zum geringsten Zeitansatz.
9. Der geringste Zeitansatz ist 30 Tage weniger als die schon bekannte Tagesangabe.
10. Die höchsten Zinsen betragen 26,66 € bei einem Zinssatz von 1,6 %.

Zinssatz gesucht

Tim, Britta und Paul vergleichen die Kreditangebote, die sie von ihrer Bank erhalten haben.

Wer hat den höchsten, wer den geringsten Zinssatz zu zahlen?

Tim hat den höchsten, Britta den geringsten Zinssatz zu zahlen.

Rechnung für Pauls Zinssatz:

$Z = K \cdot \frac{p}{100\,\%} \cdot \frac{i}{12\text{ Monate}}$ K = Kapital, Z = Zinsen,

$p = \frac{Z}{K} \cdot 100\,\% \cdot \frac{12\text{ Monate}}{i} = \frac{119{,}80}{4.800{,}00\,€} \cdot 100\,\% \cdot \frac{12\text{ Monate}}{9\text{ Monate}} = 5{,}3\,\%$ p = Zinssatz, i = Zeit (Tage)

Welche beiden Zeitansätze sind gleich?

Tim und Britta haben mit 10 Monaten und 300 Tagen die gleichen Zeitansätze.

Mögliche Reihenfolge: 3 – 4 – 1 – 10 – 8 – 12 – 11 – 9 – 2 – 7 – 6 – 5

Name	Kreditsumme	Zinssatz	Zeit	Zinsen
Paul	4.800,00 €	5,3 %	9 Monate	190,80 €
Tim	5.000,00 €	5,5 %	10 Monate	229,16 €
Britta	4.500,00 €	5,25 %	300 Tage	196,87 €

1. Die Kreditsummen bewegen sich zwischen 5.000,00 € und 4.500,00 €.
2. Für zwei Angebote sind die Laufzeiten identisch.
3. Paul muss für neun Monate 190,80 € Zinsen zahlen.
4. Tim kalkuliert mit der runden Summe von 5.000,00 €.
5. Pauls Kredit hat einen Zinssatz, der zwischen dem von Tims und Brittas Zinssatz liegt.
6. Die höchste Zinszahlung ist 229,16 €.
7. Für einen Kredit von zehn Monaten werden 5,5 % Zinsen verlangt.
8. Britta hat die geringste Kreditsumme angesetzt.
9. 196,87 € Zinsen sind für eine Laufzeit von 300 Tagen fällig.
10. Pauls Kreditwunsch beträgt 200,00 € weniger als Tims.
11. Das niedrigste Kreditangebot liegt bei 5,25 % bei 300 Tagen Laufzeit.
12. Britta hat die Laufzeit in Tagen angegeben.

Übungen mit Termen

Vier Schüler einer 7. Klasse üben in einer Verfügungsstunde das Rechnen mit Termen.

Welcher Schüler dividiert seinen Term durch $^1/_2$?

____

Ergänze die freien Posten in der Tabelle.

____

____

____

Name	Term	Rechenoperation	Ergebnis

1. Zwei Schüler bilden beim Rechnen ein Produkt.
2. Luca rechnet mit einem Quotienten.
3. Ein Term hat die Form $(3x + 4)$.
4. Der Term $(-2x + 10)$ wird durch 2 dividiert.
5. Mikes Ergebnis lautet: $30x - 42$.
6. Die beiden Produktaufträge unterscheiden sich um 1.
7. Eine Operationszahl ist 6.
8. Nicos Term hat nach der Division das Ergebnis $(-6x - 12)$.
9. Lena multipliziert ihren Term mit 5.
10. $^1/_2$ ist der noch fehlende Quotient.

Zirkeltraining mit Termen

Vier Schüler üben Grundrechenarten mit Termen und deren Auflösung. Jeder Schüler wird dabei jede Station durchlaufen.

Von welchem Term ist Jessika ausgegangen? Es gibt zwei Möglichkeiten.

Name				
Operation				
Aufgabe				
Regel				
Lösung				
Anzahl der Übungsaufgaben				

1. Für die Punktrechnungsstationen gibt es je zwei Übungsaufgaben weniger als für die Addition und Subtraktion.
2. Zur Addition gehört die Regel: *Nur gleiche Variablen dürfen addiert werden.*
3. Jessika rechnet nicht an der Station Division.
4. Ulf erhält nach der Auflösung das Ergebnis $-2x - 12y$.
5. Eine Regel besagt: *Jede Zahl in der Klammer wird mit dem Faktor multipliziert.*
6. Ahmed geht von folgender Aufgabe aus: $(12z - 8) : 4$.
7. Die Regel zur Addition kann auf die Subtraktion übertragen werden.
8. Maria beschäftigt sich mit der Aufgabe $3x + 7y + 4x$.
9. $27x + 45$ ist nicht das Ergebnis der Termenaddition.
10. Ahmeds Regel sagt: *Jede Zahl in der Klammer wird durch den Divisor geteilt.*
11. Die Subtraktionsaufgabe lautet: $-2x - 4y - 8y$.
12. Es gibt je zehn Übungsaufgaben zur Strichrechnung.

Übungen mit Termen

Vier Schüler einer 7. Klasse üben in einer Verfügungsstunde das Rechnen mit Termen.

Welcher Schüler dividiert seinen Term durch $^1/_2$?

Nico führt die Division durch $^1/_2$ durch.

Ergänze die freien Posten in der Tabelle.

Freie Posten: **$(-2x + 10) : 2 = -x + 5$** **$(3x + 4) \cdot 5 = 15x + 20$**

$(30x - 42) : 6 = 5x - 7$ **$(-6x - 12) : 2 = -3x - 6$**

Mögliche Reihenfolge: 4 – 9 – 8 – 5 – 2 – 10 – 1 – 6 – 7 – 3

Name	Term	Rechenoperation	Ergebnis
Luca	$(-2x + 10)$	$: 2$	$-x + 5$
Lena	$(3x + 4)$	$\cdot 5$	$15x + 20$
Mike	$(5x - 7)$	$\cdot 6$	$30x - 42$
Nico	$(-3x - 6)$	$: ^1/_2$	$-6x - 12$

1. Zwei Schüler bilden beim Rechnen ein Produkt.
2. Luca rechnet mit einem Quotienten.
3. Ein Term hat die Form $(3x + 4)$.
4. Der Term $(-2x + 10)$ wird durch 2 dividiert.
5. Mikes Ergebnis lautet: $30x - 42$.
6. Die beiden Produktaufträge unterscheiden sich um 1.
7. Eine Operationszahl ist 6.
8. Nicos Term hat nach der Division das Ergebnis $(-6x - 12)$.
9. Lena multipliziert ihren Term mit 5.
10. $^1/_2$ ist der noch fehlende Quotient.

Zirkeltraining mit Termen

Vier Schüler üben Grundrechenarten mit Termen und deren Auflösung. Jeder Schüler wird dabei jede Station durchlaufen.

Von welchem Term ist Jessika ausgegangen? Es gibt zwei Möglichkeiten.

Möglichkeit 1: $(3x + 5) \cdot 9$

Möglichkeit 2: $(9x + 15) \cdot 3$

Mögliche Reihenfolge: 2 – 5 – 6 – 7 – 8 – 10 – 11 – 12 – 1 – 4 – 3 – 9

Name	Maria	Jessika	Ahmed	Ulf
Operation	Addition	Multiplikation	Division	Subtraktion
Aufgabe	$3x + 7y + 4x$	$(3x + 5) \cdot 9$ oder $(9x + 15) \cdot 3$	$(12z - 8) : 4$	$-2x - 4y - 8y$
Regel	nur gleiche Variablen addieren	jede Klammerzahl mit Faktor malnehmen	jede Zahl in der Klammer durch Divisor teilen	nur gleiche Variablen subtrahieren
Lösung	$7x + 7y$	$27x + 45$	$3z - 2$	$-2x - 12y$
Anzahl der Übungsaufgaben	10	8	8	10

1. Für die Punktrechnungsstationen gibt es je zwei Übungsaufgaben weniger als für die Addition und Subtraktion.
2. Zur Addition gehört die Regel: *Nur gleiche Variablen dürfen addiert werden.*
3. Jessika rechnet nicht an der Station Division.
4. Ulf erhält nach der Auflösung das Ergebnis $-2x - 12y$.
5. Eine Regel besagt: *Jede Zahl in der Klammer wird mit dem Faktor multipliziert.*
6. Ahmed geht von folgender Aufgabe aus: $(12z - 8) : 4$.
7. Die Regel zur Addition kann auf die Subtraktion übertragen werden.
8. Maria beschäftigt sich mit der Aufgabe $3x + 7y + 4x$.
9. $27x + 45$ ist nicht das Ergebnis der Termenaddition.
10. Ahmeds Regel sagt: *Jede Zahl in der Klammer wird durch den Divisor geteilt.*
11. Die Subtraktionsaufgabe lautet: $-2x - 4y - 8y$.
12. Es gibt je zehn Übungsaufgaben zur Strichrechnung.

Schweine und Hühner

Die Klasse 7 soll berechnen, wer mehr Schweine im Stall hat. Dazu geben Jule und Tim, die aus zwei landwirtschaftlichen Betrieben kommen, Informationen über die Anzahl der Beine und Köpfe der Tiere bekannt.

Wie viele Tiere jeder Sorte gehören zum Betrieb von Jules Eltern?

Name	Tiere	Unbekannte	Gesamtzahl Beine	Anzahl Beine	Gesamtzahl Köpfe	Anzahl Köpfe
Tim	Schweine					
	Hühner					
Jule	Schweine					
	Hühner					

1. Tims Eltern haben ein Schwein weniger als Jules Eltern.
2. Die Unbekannte x ist bei Jule 7.
3. Die Gesamtzahl der Tierköpfe beträgt bei Tims Eltern 15.
4. Jule gibt die Gesamtzahl der Beine mit 46 an.
5. Um die Aufgabe rechen zu können, werden zwei Unbekannte benötigt.
6. Die Anzahl der Schweinebeine ist bei Tim 4x.
7. Jule hat 2x in die Tabelle eingetragen.
8. Tims angegebene Gesamtzahl der Beine sind zwei weniger als bei Jule.
9. Jule setzt die Anzahl der Schweine nicht mit x an.
10. Im Vergleich zu Tim ist bei Jule die Anzahl der Schweine und Hühner vertauscht.

Altersangaben

Die Klasse soll anhand von Angaben zu Vater und Sohn/Vater und Tochter berechnen, welcher Lehrer älter ist.

Wie groß ist der Altersunterschied der beiden Lehrer?

Berechne die beiden Gleichungen. Notiere deinen Rechenweg.

Name	Alter 2017 (heute)	Alter 2008	Gleichung	Alter

1. Das heutige Alter des jeweiligen Kindes wird mit x bzw. y gesetzt.
2. Lehrer Meier ist dreimal so alt wie Tochter Emma.
3. Lehrer Schmitt zieht von seinem heutigen Alter 9 Jahre ab.
4. Sohn Nico ist heute $^1/_3$ so alt wie sein Vater.
5. Das Alter des Vaters 2008 entspricht dem sechsfachen Alter des Sohnes im gleichen Jahr.
6. Die zweite Altersangabe wird auf 2008 bezogen.
7. Das Alter des Vaters 2008 entspricht dem fünffachen Alter der Tochter im gleichen Jahr.
8. Bei einer Familie ist der Vater in der Vergangenheit sechsmal so alt wie das Kind.
9. Die beiden Lehrer sind zusammen 99 Jahre alt.
10. Tochter Emmas Altersangabe entspricht dem Alter vor neun Jahren.
11. Variable y wird der Familie Schmitt zugeordnet.
12. Zusammen sind die Kinder 33 Jahre alt.

Schweine und Hühner

Die Klasse 7 soll berechnen, wer mehr Schweine im Stall hat. Dazu geben Jule und Tim, die aus zwei landwirtschaftlichen Betrieben kommen, Informationen über die Anzahl der Beine und Köpfe der Tiere bekannt.

Wie viele Tiere jeder Sorte gehören zum Betrieb von Jules Eltern?

Jules Eltern haben acht Schweine und sieben Hühner.

Mögliche Reihenfolge: 3 – 4 – 6 – 5 – 9 – 7 – 8 – 2 – 10 – 1

Name	Tiere	Unbekannte	Gesamtzahl Beine	Anzahl Beine	Gesamtzahl Köpfe	Anzahl Köpfe
Tim	Schweine	x	44	4x	15	7
	Hühner	y		2y		8
Jule	Schweine	y	46	4y	15	8
	Hühner	x		2x		7

1. Tims Eltern haben ein Schwein weniger als Jules Eltern.
2. Die Unbekannte x ist bei Jule 7.
3. Die Gesamtzahl der Tierköpfe beträgt bei Tims Eltern 15.
4. Jule gibt die Gesamtzahl der Beine mit 46 an.
5. Um die Aufgabe rechen zu können, werden zwei Unbekannte benötigt.
6. Die Anzahl der Schweinebeine ist bei Tim 4x.
7. Jule hat 2x in die Tabelle eingetragen.
8. Tims angegebene Gesamtzahl der Beine sind zwei weniger als bei Jule.
9. Jule setzt die Anzahl der Schweine nicht mit x an.
10. Im Vergleich zu Tim ist bei Jule die Anzahl der Schweine und Hühner vertauscht.

Altersangaben

Die Klasse soll anhand von Angaben zu Vater und Sohn/Vater und Tochter berechnen, welcher Lehrer älter ist.

Wie groß ist der Altersunterschied der beiden Lehrer?

Der Unterschied beträgt 9 Jahre.

Berechne die beiden Gleichungen. Notiere deinen Rechenweg.

$3x - 9 = (x - 9) \cdot 5$; $3x - 9 = 5x - 45$; $36 = 2x$; $x = 18$

$3y - 9 = (y - 9) \cdot 6$; $3y - 9 = 6y - 54$; $45 = 3y$; $y = 15$

Mögliche Reihenfolge: 11 – 2 – 1 – 4 – 3 – 7 – 5 – 10 – 8 – 6 – 9

Name	Alter 2017 (heute)	Alter 2008	Gleichung	Alter
Lehrer Meier	3x	3x – 9	$3x - 9 = (x - 9) \cdot 5$	54
Tochter Emma	x	x – 9		18
Lehrer Schmitt	3y	3y – 9	$3y - 9 = (y - 9) \cdot 6$	45
Sohn Nico	y	y – 9		15

1. Das heutige Alter des jeweiligen Kindes wird mit x bzw. y gesetzt.
2. Lehrer Meier ist dreimal so alt wie Tochter Emma.
3. Lehrer Schmitt zieht von seinem heutigen Alter 9 Jahre ab.
4. Sohn Nico ist heute $^1/_3$ so alt wie sein Vater.
5. Das Alter des Vaters 2008 entspricht dem sechsfachen Alter des Sohnes im gleichen Jahr.
6. Die zweite Altersangabe wird auf 2008 bezogen.
7. Das Alter des Vaters 2008 entspricht dem fünffachen Alter der Tochter im gleichen Jahr.
8. Bei einer Familie ist der Vater in der Vergangenheit sechsmal so alt wie das Kind.
9. Die beiden Lehrer sind zusammen 99 Jahre alt.
10. Tochter Emmas Altersangabe entspricht dem Alter vor neun Jahren.
11. Variable y wird der Familie Schmitt zugeordnet.
12. Zusammen sind die Kinder 33 Jahre alt.

Schüler üben das Rechnen mit Termen

Fünf Schüler üben das Rechnen mit Termen. Jeder Schüler bearbeitet einen anderen Aufgabenschwerpunkt.

Welche beiden Schüler haben gleich viele Aufgaben zu rechnen?

Name	Peter	Ben	Jan	Silvia	Maria
Übungsthema					
Aufgabenanzahl					

1. Silvia und ein weiterer Schüler lösen gleich viele Übungsaufgaben.
2. Peter löst 15 Übungsaufgaben.
3. Jan hat die wenigsten Übungsaufgaben zu berechnen.
4. Ben übt das Thema Produktterme.
5. Maria übt nicht die Multiplikation von Termen.
6. Für das Thema Ausklammern bei Termen gibt es acht Übungsaufgaben.
7. Die Multiplikation von Termen ist bei zwölf Aufgaben anzuwenden.
8. Die Vereinfachung von Termen hat die meisten Übungsaufgaben.
9. Für Produktterme gibt es zwei Aufgaben mehr als für das Ausklammern.
10. Multiplikation und Division von Termen haben die gleiche Anzahl an Übungsaufgaben.

Schüler üben das Rechnen mit Gleichungstypen

Vier Schüler bearbeiten unterschiedliche Gleichungstypen mit Ausgangsgleichung und Lösung.

Welche Schüler haben die gleiche Lösungszahl?

Name	Svetlana	Lena	Nico	Luca
Gleichungstyp				
Ausgangsgleichung				
Lösung				

1. Die Lösung der Gleichung $4x - 12 = 8$ ist die Hälfte von Lenas Lösungszahl.
2. Eine Lösungsmenge lautet IL {4, 3, 2, 1}.
3. Svetlana beschäftigt sich mit einfachen Gleichungen.
4. Eine Ausgangsgleichung lautet $5x + 7 < 30$.
5. Ungleichungen und Gleichungen mit Klammern werden auch geübt.
6. Nicos Lösungsmenge umfasst mehrere Zahlen.
7. Die Bruchgleichung $\frac{1}{2} \cdot (x - 4) = 3$ hat nicht die Lösung 5.
8. Zwei Lösungsmengen entsprechen der gleichen Zahl.
9. $3 \cdot (x + 4) = (x + 11) \cdot 2$ ist Lenas Ausgangsgleichung.
10. Luca beschäftigt sich mit Bruchgleichungen.
11. Lenas Lösungsmenge entspricht der Zahl 10.
12. Die Lösung $x = 5$ kommt nur einmal vor.

Schüler üben das Rechnen mit Termen

Fünf Schüler üben das Rechnen mit Termen. Jeder Schüler bearbeitet einen anderen Aufgabenschwerpunkt.

Welche beiden Schüler haben gleich viele Aufgaben zu rechnen?

Silvia und Maria haben gleich viele Übungsaufgaben zu rechnen.

Mögliche Reihenfolge: 2 – 4 – 6 – 7 – 9 – 10 – 3 – 8 – 5 – 1

Name	Peter	Ben	Jan	Silvia	Maria
Übungsthema	Vereinfachung von Termen	Produktterme	Ausklammern bei Termen	Multiplikation mit Termen	Division mit Termen
Aufgabenanzahl	15	10	8	12	12

1. Silvia und ein weiterer Schüler lösen gleich viele Übungsaufgaben.
2. Peter löst 15 Übungsaufgaben.
3. Jan hat die wenigsten Übungsaufgaben zu berechnen.
4. Ben übt das Thema Produktterme.
5. Maria übt nicht die Multiplikation von Termen.
6. Für das Thema Ausklammern bei Termen gibt es acht Übungsaufgaben.
7. Die Multiplikation von Termen ist bei zwölf Aufgaben anzuwenden.
8. Die Vereinfachung von Termen hat die meisten Übungsaufgaben.
9. Für Produktterme gibt es zwei Aufgaben mehr als für das Ausklammern.
10. Multiplikation und Division von Termen haben die gleiche Anzahl an Übungsaufgaben.

Schüler üben das Rechnen mit Gleichungstypen

Vier Schüler bearbeiten unterschiedliche Gleichungstypen mit Ausgangsgleichung und Lösung.

Welche Schüler haben die gleiche Lösungszahl?

Lena und Luca haben mit 10 die gleiche Lösungszahl.

Mögliche Reihenfolge: 3 – 5 – 4 – 6 – 7 – 9 – 10 – 11 – 1 – 2 – 12 – 8

Name	Svetlana	Lena	Nico	Luca
Gleichungstyp	einfache Gleichung	Gleichungen mit Klammern	Ungleichungen	Bruchgleichungen
Ausgangsgleichung	$4x - 12 = 8$	$3\,(x + 4) = (x + 11) \cdot 2$	$5x + 7 < 30$	$\frac{1}{2}\,(x - 4) = 3$
Lösung	$x = 5$	$x = 10$	IL {4, 3, 2, 1}	$x = 10$

1. Die Lösung der Gleichung $4x - 12 = 8$ ist die Hälfte von Lenas Lösungszahl.
2. Eine Lösungsmenge lautet IL {4, 3, 2, 1}.
3. Svetlana beschäftigt sich mit einfachen Gleichungen.
4. Eine Ausgangsgleichung lautet $5x + 7 < 30$.
5. Ungleichungen und Gleichungen mit Klammern werden auch geübt.
6. Nicos Lösungsmenge umfasst mehrere Zahlen.
7. Die Bruchgleichung $\frac{1}{2} \cdot (x - 4) = 3$ hat nicht die Lösung 5.
8. Zwei Lösungsmengen entsprechen der gleichen Zahl.
9. $3 \cdot (x + 4) = (x + 11) \cdot 2$ ist Lenas Ausgangsgleichung.
10. Luca beschäftigt sich mit Bruchgleichungen.
11. Lenas Lösungsmenge entspricht der Zahl 10.
12. Die Lösung $x = 5$ kommt nur einmal vor.

Demonstrationsaufgaben (Grundlagen der Äquivalenzumformung)

Zwei Schüler demonstrieren an der Schultafel die grundlegenden Äquivalenzumformungen bei Gleichungen.

Wie heißen die beiden fehlenden Umformungsschritte?

____

____

Name	Gleichung	Umformung	Lösungszahl

1. Bei den Umformungen werden alle vier Grundrechenarten berücksichtigt.
2. Tom erklärt die beiden Aufgaben zur Punktrechnung.
3. Kalle beginnt mit der Gleichung $x + 5 = 7$.
4. Eine Umformung lautet : 5.
5. Die beiden Lösungen von Tom unterscheiden sich um 3.
6. Kalle gibt bei einer Umformung + 7 an.
7. Für die Gleichung $\frac{3}{4}x = 9$ heißt die Lösungszahl 12.
8. Toms erste Beispielgleichung lautet $5x = 45$.
9. Die beiden Lösungszahlen von Kalle sind 2 und 15.
10. Die Gleichung $x - 7 = 8$ gehört nicht zu Tom.

Demonstrationsaufgaben (Umformungen bei Ungleichungen)

In der Wiederholungsphase einer Mathematikstunde erklären vier Schüler der Klasse jeweils die durchgeführte Äquivalenzumformung bei Ungleichungen. Alle Lösungsmengen sind dem Zahlbereich N zugeordnet.

Wieso muss Ben bei seiner Lösungsmenge aufpassen?

Welche Lösungsmenge errechnet Malte?

Name	Ungleichung	Äquivalenzumformung	Lösungsmenge

1. Eine Ungleichung hat eine Lösungsmenge mit unendlich vielen Zahlen.
2. Daniels Ungleichung lautet $x - 12 < 10$.
3. Eine Äquivalenzumformung lautet : 32.
4. Fraukes Lösungsmenge besteht aus nur drei Zahlen.
5. Malte multipliziert seine Ungleichung mit 28.
6. Eine Lösungsmenge ist IL { 21, 20, 19, … }
7. Für die Ungleichung $32x < 128$ ist die Lösungsmenge IL {3, 2, 1}.
8. Ben hat als Äquivalenzumformung – 22 gerechnet.
9. $48 > x + 22$ ergibt die Lösungsmenge IL {25, 24, 23, … }.
10. Nach der Äquivalenzumformung + 12 ergibt sich eine Lösungsmenge mit 21 Zahlen.
11. Malte erklärt seine Ungleichung mit einer Bruchzahl, die > 7 sein muss.
12. Maltes Bruchzahl ist $^{x}/_{28}$.

Lösungen

Demonstrationsaufgaben (Grundlagen der Äquivalenzumformung)

Zwei Schüler demonstrieren an der Schultafel die grundlegenden Äquivalenzumformungen bei Gleichungen.

Wie heißen die beiden fehlenden Umformungsschritte?

Die beiden fehlenden Umformungsschritte sind – 5 (Kalle) und · $^4/_3$ (Tom)

Mögliche Reihenfolge: 3 – 2 – 4 – 7 – 8 – 5 – 6 – 9 – 1 – 10

Name	Gleichung	Umformung	Lösungszahl
Kalle	x + 5 = 7	– 5	2
	x – 7 = 8	+ 7	15
Tom	5 x = 45	: 5	9
	$^3/_4$ x = 9	· $^4/_3$	12

1. Bei den Umformungen werden alle vier Grundrechenarten berücksichtigt.
2. Tom erklärt die beiden Aufgaben zur Punktrechnung.
3. Kalle beginnt mit der Gleichung x + 5 = 7.
4. Eine Umformung lautet : 5.
5. Die beiden Lösungen von Tom unterscheiden sich um 3.
6. Kalle gibt bei einer Umformung + 7 an.
7. Für die Gleichung $^3/_4$ x = 9 heißt die Lösungszahl 12.
8. Toms erste Beispielgleichung lautet 5x = 45.
9. Die beiden Lösungszahlen von Kalle sind 2 und 15.
10. Die Gleichung x – 7 = 8 gehört nicht zu Tom.

Demonstrationsaufgaben (Umformungen bei Ungleichungen)

In der Wiederholungsphase einer Mathematikstunde erklären vier Schüler der Klasse jeweils die durchgeführte Äquivalenzumformung bei Ungleichungen. Alle Lösungsmengen sind dem Zahlbereich N zugeordnet.

Wieso muss Ben bei seiner Lösungsmenge aufpassen?

Ben muss bei seiner Lösungsmenge beachten, dass x zur „Größer-als-Beziehung“ (>) passt.

Welche Lösungsmenge errechnet Malte?

Maltes Lösungsmenge lautet IL {197, 198, 199, ...}

Mögliche Reihenfolge: 2 – 5 – 7 – 3 – 9 – 4 – 10 – 6 – 1 – 11 – 12 – 8

Name	Ungleichung	Äquivalenzumformung	Lösungsmenge
Daniel	x – 12 < 10	+ 12	IL {21, 20, 19, ...}
Malte	$^x/_{28}$ > 7	· 28	IL {197, 198, 199, ...}
Frauke	32x < 128	: 32	IL {3, 2, 1}
Ben	48 > x + 22	–22	IL {25, 24, 23, ...}

1. Eine Ungleichung hat eine Lösungsmenge mit unendlich vielen Zahlen.
2. Daniels Ungleichung lautet x – 12 < 10.
3. Eine Äquivalenzumformung lautet : 32.
4. Fraukes Lösungsmenge besteht aus nur drei Zahlen.
5. Malte multipliziert seine Ungleichung mit 28.
6. Eine Lösungsmenge ist IL { 21, 20, 19, ... }
7. Für die Ungleichung 32 x < 128 ist die Lösungsmenge IL {3, 2, 1}.
8. Ben hat als Äquivalenzumformung – 22 gerechnet.
9. 48 > x + 22 ergibt die Lösungsmenge IL {25, 24, 23, ... }.
10. Nach der Äquivalenzumformung + 12 ergibt sich eine Lösungsmenge mit 21 Zahlen.
11. Malte erklärt seine Ungleichung mit einer Bruchzahl, die > 7 sein muss.
12. Maltes Bruchzahl ist $^x/_{28}$.

Gleichungen zu Zahlenrätsel

Zwei Schüler bringen im Partnerwettkampf einfache Zahlenrätsel in die Gleichungsform.

Wie lauten die beiden Gleichungen?

Welche Lösungszahl gehört zu welcher Gleichung?

Name	Zahl	Schritt 1	Schritt 2	erhält man	Ergebnis	Gleichung	Lösung

1. Jan nennt seine unbekannte Zahl x.
2. Bei einer Gleichung erhält man das Dreifache der Zahl.
3. Die Multiplikation einer Summe mit 12 passt nicht zu Jans Gleichung.
4. Jule setzt als ersten Schritt die Vergrößerung der Zahl um 8.
5. Jules unbekannte Zahl setzt sie mit y an.
6. Vom achtfachen der Zahl müssen im nächsten Schritt 40 subtrahiert werden.
7. Die Textaussage „erhält man“ bedeutet in der Gleichung „=“.
8. Das Dreifache der Zahl gehört nicht zu Jules Aufgabe.
9. Jules Lösungszahl ist halb so groß wie die von Jan.
10. In die noch fehlende rechte Seite des Gleichheitszeichens ist das 36-Fache der Zahl einzusetzen.

Gleichungen zu Zahlenrätsel

Maya und Tim erstellen aus Textfragmenten jeweils einen Text, der mithilfe der Textgleichung zu lösen ist.

Wie heißt die jeweilige Gleichung?

Formuliere zu den Angaben die Aufgabenstellung in Textform.

Name	Zahl	Schritt 1	Schritt 2	genauso groß wie	Schritt 3	Schritt 4	Gleichung

1. Tim setzt seine unbekannte Zahl mit y an.
2. Beide Gleichungen haben die gleiche symmetrische Grundstruktur.
3. Maya vermindert zunächst das Mehrfache ihrer Zahl um 23.
4. Als letzten Schritt addiert Tim das 5-Fache der Zahl.
5. Die Textaussage „genauso groß wie“ bedeutet „=“.
6. Tim beginnt seine Gleichung mit der Zahl 233.
7. Die Verminderung um das 8-Fache der Zahl passt nicht zu Mayas Gleichung.
8. Das Fünffache der Zahl wird zu 90 addiert.
9. Maya wählt für ihre unbekannte Zahl die Variable x.
10. Der Subtrahend – 23 passt zum Minuend 15x.
11. Maya setzt ein: genauso groß wie das Zwölffache der Zahl.
12. Vom 12-Fachen der Zahl wird noch 2 subtrahiert.

Gleichungen zu Zahlenrätsel

Zwei Schüler bringen im Partnerwettkampf einfache Zahlenrätsel in die Gleichungsform.

Wie lauten die beiden Gleichungen?

(8x – 40) = 3x (Jan); (y + 8) · 12 = 36y (Jule)

Welche Lösungszahl gehört zu welcher Gleichung?

Jan: 8, Jule: 4

Mögliche Reihenfolge: 1 – 3 – 5 – 4 – 7 – 2 – 8 – 6 – 10 – 9

Name	Zahl	Schritt 1	Schritt 2	erhält man	Ergebnis	Gleichung	Lösung
Jan	x	8x	– 40	=	3x	8x – 40 = 3x	8
Jule	y	y + 8	· 12	=	36y	(y + 8) · 12 = 36y	4

1. Jan nennt seine unbekannte Zahl x.
2. Bei einer Gleichung erhält man das Dreifache der Zahl.
3. Die Multiplikation einer Summe mit 12 passt nicht zu Jans Gleichung.
4. Jule setzt als ersten Schritt die Vergrößerung der Zahl um 8.
5. Jules unbekannte Zahl setzt sie mit y an.
6. Vom achtfachen der Zahl müssen im nächsten Schritt 40 subtrahiert werden.
7. Die Textaussage „erhält man" bedeutet in der Gleichung „=".
8. Das Dreifache der Zahl gehört nicht zu Jules Aufgabe.
9. Jules Lösungszahl ist halb so groß wie die von Jan.
10. In die noch fehlende rechte Seite des Gleichheitszeichens ist das 36-Fache der Zahl einzusetzen.

Gleichungen zu Zahlenrätsel

Maya und Tim erstellen aus Textfragmenten jeweils einen Text, der mithilfe der Textgleichung zu lösen ist.

Wie heißt die jeweilige Gleichung?

233 – 8x = 90 + 5y (Tim); 15x – 23 = 12x – 2 (Maya)

Formuliere zu den Angaben die Aufgabenstellung in Textform.

Das 15-Fache einer Zahl vermindert um 23 ist genauso groß wie das 12-Fache der Zahl vermindert um 2. (Maya)

233 vermindert um das 8-Fache einer Zahl ist genauso groß wie die Addition von 90 und dem 5-Fachen der Zahl. (Tim)

Mögliche Reihenfolge: 1 – 9 – 3 – 4 – 6 – 10 – 5 – 2 – 11 – 7 – 8 – 12

Name	Zahl	Schritt 1	Schritt 2	genauso groß wie	Schritt 3	Schritt 4	Gleichung
Tim	y	233	– 8y	=	90	+ 5y	233 – 8y = 90 + 5y
Maya	x	15x	– 23	=	12x	– 2	15x – 23 = 12x – 2

1. Tim setzt seine unbekannte Zahl mit y an.
2. Beide Gleichungen haben die gleiche symmetrische Grundstruktur.
3. Maya vermindert zunächst das Mehrfache ihrer Zahl um 23.
4. Als letzten Schritt addiert Tim das 5-Fache der Zahl.
5. Die Textaussage „genauso groß wie" bedeutet „=".
6. Tim beginnt seine Gleichung mit der Zahl 233.
7. Die Verminderung um das 8-Fache der Zahl passt nicht zu Mayas Gleichung.
8. Das Fünffache der Zahl wird zu 90 addiert.
9. Maya wählt für ihre unbekannte Zahl die Variable x.
10. Der Subtrahend – 23 passt zum Minuend 15x.
11. Maya setzt ein: genauso groß wie das Zwölffache der Zahl.
12. Vom 12-Fachen der Zahl wird noch 2 subtrahiert.

Alternative Lösungswege bei Gleichungen

Ela und Jenni zeigen ihren Mitschülern an der Tafel zwei alternative Wege, um eine vorgegebene Gleichung zu lösen.

Wie heißt die Lösungszahl?

____

Setze jeweils die Formulierungen in die Gleichungsform um.

____

____

Name	Ela	Jenni
Ausgangsgleichung		
Schritt 1		
Schritt 2		
Schritt 3		
Schritt 4		

1. Die Ausgangsgleichung lautet für beide $(x + 5) \cdot 7 - 13 = 64$.
2. Ela benötigt einen Schritt weniger als Jenni.
3. In Schritt 2 dividiert eine Schülerin durch 7.
4. Jenni beginnt mit dem Ausmultiplizieren der Klammer.
5. Die Division durch 7 ist der letzte Schritt einer der beiden Umformungen.
6. Die Subtraktion von 5 steht nicht in Jennis Lösungsweg.
7. Ela braucht nicht zusammenzufassen.
8. Als ersten Schritt addiert Ela auf beiden Seiten 13.
9. Die Subtraktion von 22 gehört zu Schritt 3.
10. Beide Mädchen führen im dritten Lösungsschritt eine Subtraktion durch.

Schulisches Lösen von Gleichungen

Anhand eines Musterbeispiels soll das Lösen von Gleichungen visualisiert und schrittweise eingeübt werden.

Suche eine mögliche Ausgangsgleichung.

Berechne abschließend die Lösungszahl.

Vorgehensweise in Teilschritten				
Ausgangsgleichung				
Gleichung nach erfolgtem Schritt				
Lösungszahl				

1. Nach dem Auflösen der Klammer ergibt sich links des Gleichheitszeichens 4x + 15 + 3x.
2. Die dritte Spalte beinhaltet das Zusammenfassen der Gleichung.
3. Zuvor ist es hilfreich, die Gleichung nach ihren Variablen zu ordnen.
4. Der letzte Schritt ist die Äquivalenzumformung und die Division durch 12.
5. Die Ausgangsgleichung rechts des Gleichheitszeichens lautet 4 · (22 – x) – 25 – x.
6. Nach der Äquivalenzumformung + 5x lautet die Gleichung 12x + 15 = 63.
7. Die 3. Spalte beginnt mit dem linken Gleichungsteil 4x + 3x + 15.
8. Die letzte Reihe jeder Spalte ist gleichzeitig die erste Reihe der folgenden Spalte.
9. Vor dem Zusammenfassen lautet die Gleichung rechts des Gleichheitszeichens 88 – 25 – 4x – x.
10. Nach der Zusammenfassung ergibt sich rechts des Gleichheitszeichens die Gleichung 63 – 5x.
11. Die zweite Klammer lautet nach dem Ausmultiplizieren 88 – 4x – 25 – x.
12. Zur Äquivalenzumformung steht folgende Gleichung: 7x + 15 = 63 – 5x.

Lösungen

Alternative Lösungswege bei Gleichungen

Ela und Jenni zeigen ihren Mitschülern an der Tafel zwei alternative Wege, um eine vorgegebene Gleichung zu lösen.

Wie heißt die Lösungszahl?

Die Lösungszahl ist x = 6

Setze jeweils die Formulierungen in die Gleichungsform um.

s. Tabelle

Mögliche Reihenfolge: 1 – 4 – 8 – 10 – 9 – 6 – 7 – 3 – 2 – 5

Name	Ela	Jenni
Ausgangsgleichung	(x + 5) · 7 – 13 = 64	(x + 5) · 7 – 13 = 64
Schritt 1	auf beiden Seiten 13 addieren (x + 5) · 7 = 77	Klammer ausmultiplizieren 7x + 35 – 13 = 64
Schritt 2	durch 7 dividieren x + 5 = 11	zusammenfassen 7x + 22 = 64
Schritt 3	5 subtrahieren x = 6	22 subtrahieren 7x = 42
Schritt 4		durch 7 dividieren x = 6

1. Die Ausgangsgleichung lautet für beide (x + 5) · 7 – 13 = 64.
2. Ela benötigt einen Schritt weniger als Jenni.
3. In Schritt 2 dividiert eine Schülerin durch 7.
4. Jenni beginnt mit dem Ausmultiplizieren der Klammer.
5. Die Division durch 7 ist der letzte Schritt einer der beiden Umformungen.
6. Die Subtraktion von 5 steht nicht in Jennis Lösungsweg.
7. Ela braucht nicht zusammenzufassen.
8. Als ersten Schritt addiert Ela auf beiden Seiten 13.
9. Die Subtraktion von 22 gehört zu Schritt 3.
10. Beide Mädchen führen im dritten Lösungsschritt eine Subtraktion durch.

Schulisches Lösen von Gleichungen

Anhand eines Musterbeispiels soll das Lösen von Gleichungen visualisiert und schrittweise eingeübt werden.

Suche eine mögliche Ausgangsgleichung.

2 · (2x + 7,5) + 3x = 4 · (22 – x) – 25 – x / Alternativ: 4x + 3 · (5 + x) = 4 · (22 – x) – 25 – x

Berechne abschließend die Lösungszahl.

s. Tabelle

Mögliche Reihenfolge: 2 – 3 – 1 – 4 – 5 – 7 – 9 – 11 – 8 – 10 – 12 – 6

Vorgehensweise in Teilschritten	Auflösen von Klammern	Ordnen der Gleichung nach Variablen	Zusammenfassen der Gleichung	Äquivalenz-umformung
Ausgangs-gleichung	= 4 · (22 – x) – 25 – x	4x + 15 + 3x = 88 – 4x – 25 – x	4x + 3x + 15 = 88 – 25 – x – x	7x + 15 = 63 – 5x
Gleichung nach erfolgtem Schritt	4x + 15 + 3x = 88 – 4x – 25 – x	4x + 3x + 15 = 88 – 25 – 4x – x	7x + 15 = 63 – 5x	7x + 15 = 63 – 5x / + 5x
Lösungszahl				12x + 15 = 63 / –15 12x = 48 / : 12 x = 4

1. Nach dem Auflösen der Klammer ergibt sich links des Gleichheitszeichens 4x + 15 + 3x.
2. Die dritte Spalte beinhaltet das Zusammenfassen der Gleichung.
3. Zuvor ist es hilfreich, die Gleichung nach ihren Variablen zu ordnen.
4. Der letzte Schritt ist die Äquivalenzumformung und die Division durch 12.
5. Die Ausgangsgleichung rechts des Gleichheitszeichens lautet 4 · (22 – x) – 25 – x.
6. Nach der Äquivalenzumformung + 5x lautet die Gleichung 12x + 15 = 63.
7. Die 3. Spalte beginnt mit dem linken Gleichungsteil 4x + 3x + 15.
8. Die letzte Reihe jeder Spalte ist gleichzeitig die erste Reihe der folgenden Spalte.
9. Vor dem Zusammenfassen lautet die Gleichung rechts des Gleichheitszeichens 88 – 25 – 4x – x.
10. Nach der Zusammenfassung ergibt sich rechts des Gleichheitszeichens die Gleichung 63 – 5x.
11. Die zweite Klammer lautet nach dem Ausmultiplizieren 88 – 4x – 25 – x.
12. Zur Äquivalenzumformung steht folgende Gleichung: 7x + 15 = 63 – 5x.

Rechenbäume erstellen

Die schrittweise Lösung eines mehrgliedrigen Terms zeigt Ingo mithilfe eines Rechenbaumes.

Wo steht im Ausgangsterm eine Klammer und wie heißt die Lösungszahl?

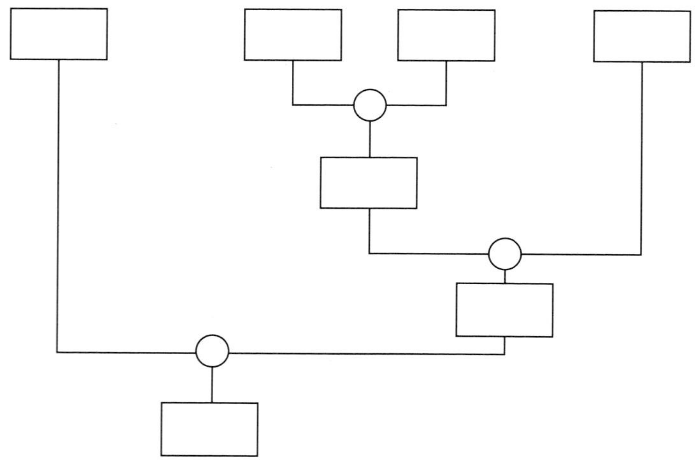

1. Beim Rechenbaum steht, was zuerst gerechnet wird, immer oben.
2. In zwei Kästchen der oberen Reihe sind 60 und 5 einzusetzen.
3. Die äußerste linke Zahl ist 10.
4. Subtraktion als Rechenoperation kommt nicht vor.
5. Multiplizieren ist die letzte durchzuführende Operation.
6. Zunächst ist eine Division erforderlich.
7. Die Zahl, die durch 5 geteilt wird, ist nicht 8.
8. Nach der mittleren Rechenoperation ergibt sich als Zwischenlösung 20.
9. Um 20 zu erhalten, müssen 12 addiert werden.
10. Das Endergebnis ist das 10-Fache des Zwischenergebnisses.

Rechenbäume erstellen

Hanna zeigt an der Tafel anhand eines vorgefertigten Baumdiagrammes die schrittweise Erstellung eines Rechenbaumes.

Wie lautet die letzte Rechenoperation? Wo muss im Ausgangsterm eine Klammer stehen und warum?

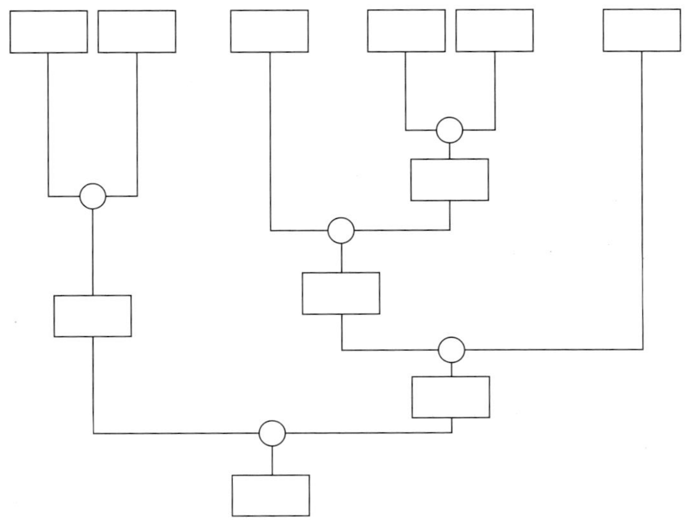

1. Beim Rechenbaum steht, was zuerst gerechnet wird, in der obersten Reihe.
2. Die erste durchzuführende Operation ergibt 24.
3. Die äußerste rechte Zahl ist 10.
4. Wird vom Minuend 123 der Subtrahend abgezogen, ergibt sich 75.
5. 48 ist nicht das Endergebnis.
6. Das Ergebnis einer Subtraktion ist 40.
7. 10 muss von 45 subtrahiert werden.
8. Die äußerste linke Zahl ist 123.
9. Die beiden ersten Zahlen, mit denen gerechnet werden muss, sind 6 und 4.
10. Eine noch fehlende Zahl in der oberen Reihe ist 21.
11. 21 ist gleichzeitig auch erster Summand.
12. Die letzte durchzuführende Rechnung ist eine Subtraktion.

Rechenbäume erstellen

Die schrittweise Lösung eines mehrgliedrigen Terms zeigt Ingo mithilfe eines Rechenbaumes.

Wo steht im Ausgangsterm eine Klammer und wie heißt die Lösungszahl?

Der Ausgangsterm lautet: 10 · (60 : 5 + 8) = 200

Mögliche Reihenfolge: 1 – 3 – 5 – 6 – 7 – 2 – 4 – 8 – 9 – 10

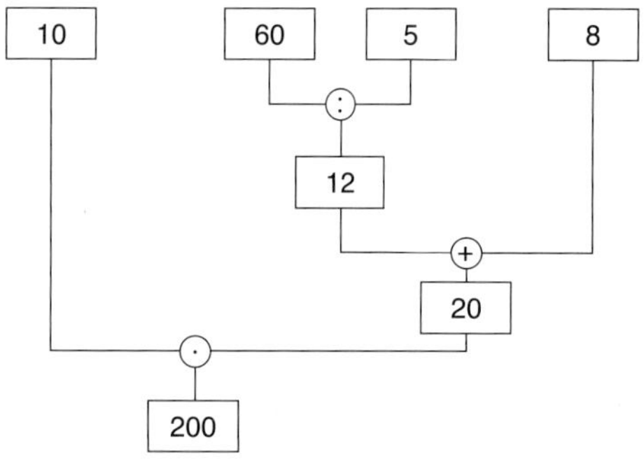

1. Beim Rechenbaum steht, was zuerst gerechnet wird, immer oben.
2. In zwei Kästchen der oberen Reihe sind 60 und 5 einzusetzen.
3. Die äußerste linke Zahl ist 10.
4. Subtraktion als Rechenoperation kommt nicht vor.
5. Multiplizieren ist die letzte durchzuführende Operation.
6. Zunächst ist eine Division erforderlich.
7. Die Zahl, die durch 5 geteilt wird, ist nicht 8.
8. Nach der mittleren Rechenoperation ergibt sich als Zwischenlösung 20.
9. Um 20 zu erhalten, müssen 12 addiert werden.
10. Das Endergebnis ist das 10-Fache des Zwischenergebnisses.

Rechenbäume erstellen

Hanna zeigt an der Tafel anhand eines vorgefertigten Baumdiagrammes die schrittweise Erstellung eines Rechenbaumes.

Wie lautet die letzte Rechenoperation? Wo muss im Ausgangsterm eine Klammer stehen und warum?

75 – 35; 123 – 48 – (21 + 6 · 4 – 10); Die vier Zahlen in der Klammer ergeben eine zusammenhängende Rechnung.

Mögliche Reihenfolge: 1 – 2 – 3 – 7 – 8 – 4 – 9 – 10 – 12 – 6 – 11

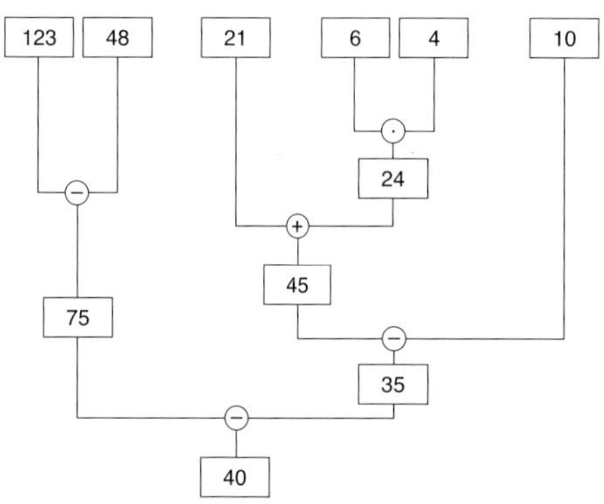

1. Beim Rechenbaum steht, was zuerst gerechnet wird, in der obersten Reihe.
2. Die erste durchzuführende Operation ergibt 24.
3. Die äußerste rechte Zahl ist 10.
4. Wird vom Minuend 123 der Subtrahend abgezogen, ergibt sich 75.
5. 48 ist nicht das Endergebnis.
6. Das Ergebnis einer Subtraktion ist 40.
7. 10 muss von 45 subtrahiert werden.
8. Die äußerste linke Zahl ist 123.
9. Die beiden ersten Zahlen, mit denen gerechnet werden muss, sind 6 und 4.
10. Eine noch fehlende Zahl in der oberen Reihe ist 21.
11. 21 ist gleichzeitig auch erster Summand.
12. Die letzte durchzuführende Rechnung ist eine Subtraktion.

Flächenberechnung (Aufstellen einer Gleichung)

Sergej stellt mithilfe von Textteilen eine Gleichung zur Flächenberechnung von Rechtecken auf.

Wie lautet die Gleichung? Löse sie.

	Ausgangsrechteck	verändertes Rechteck
Länge		
Breite		
Flächeninhalt		

1. Die Rechteckfläche berechnet sich „Länge mal Breite“.
2. Es gibt ein Ausgangsrechteck und ein verändertes Rechteck.
3. Beim veränderten Rechteck ändert sich die Fläche um 112 cm^2.
4. Die Breite des Ausgangsrechtecks wird mit x angesetzt.
5. Eine Seite wird um 5 cm vergrößert.
6. Die Breite wird nicht vergrößert.
7. Bei einem Flächeninhalt heißt es $x \cdot (x + 12)$.
8. Die Länge des ursprünglichen Rechtecks ist 12 cm größer als die Breite.
9. Die veränderte Fläche ist kleiner geworden.
10. Die andere Seite wird um 6 cm verkürzt.

Flächenberechnung (Aufstellen einer Gleichung)

Lena beschäftigt sich mit geometrischen Textaufgaben. Dabei stellt sie mithilfe von Textteilen eine Gleichung auf und kontrolliert das Ergebnis.

Kontrolliere die Lösung durch Nachrechnen.

____

Wie groß ist der Flächeninhalt des Ausgangsquadrates?

____

____

	Quadrat (Ausgangsfläche)	Rechteck (veränderte Fläche)
Länge		
Breite		
Fläche A		

Gleichung: ________ = ______________

Lösung: ______

1. Der Gleichung liegen zwei verschiedene Flächen zugrunde.
2. Die Ausgangsfläche ist ein Quadrat.
3. Die Lösung der Gleichung lautet x = 8 cm.
4. Beide Flächen werden nach „Länge mal Breite" berechnet.
5. Die Breite der Ausgangsfigur wird um 3 cm verändert.
6. Die veränderte Fläche ist rechteckig.
7. Für die Quadratfläche ergibt sich $A = x^2$.
8. Die Quadratseite wird als Unbekannte x gesetzt.
9. $(x + 1) \cdot (x + 3)$ lautet die Flächenformel für das Rechteck.
10. Die Breite des Quadrates wird nicht verkürzt.
11. 35 cm^2 weniger ist die Fläche des Quadrates im Vergleich zur veränderten Figur.
12. Die Länge des Quadrates wird um 1 cm verlängert.

Flächenberechnung (Aufstellen einer Gleichung)

Sergej stellt mithilfe von Textteilen eine Gleichung zur Flächenberechnung von Rechtecken auf.

Wie lautet die Gleichung? Löse sie.

Lösungsschritte:

$x \cdot (x + 12) - 112 = (x + 17) \cdot (x - 6)$

$x^2 + 12x - 112 = x^2 + 17x - 6x - 102$

$12x - 112 = 11x - 102$

$x = 10$

Mögliche Reihenfolge: 2 – 4 – 6 – 5 – 8 – 1 – 7 – 10 – 9 – 3

	Ausgangsrechteck	verändertes Rechteck
Länge	$x + 12$	$x + 12 + 5$
Breite	x	$x - 6$
Flächeninhalt	$x \cdot (x + 12)$	$(x + 17) \cdot (x - 6)$

1. Die Rechteckfläche berechnet sich „Länge mal Breite".
2. Es gibt ein Ausgangsrechteck und ein verändertes Rechteck.
3. Beim veränderten Rechteck ändert sich die Fläche um 112 cm^2.
4. Die Breite des Ausgangsrechtecks wird mit x angesetzt.
5. Eine Seite wird um 5 cm vergrößert.
6. Die Breite wird nicht vergrößert.
7. Bei einem Flächeninhalt heißt es $x \cdot (x + 12)$.
8. Die Länge des ursprünglichen Rechtecks ist 12 cm größer als die Breite.
9. Die veränderte Fläche ist kleiner geworden.
10. Die andere Seite wird um 6 cm verkürzt.

Flächenberechnung (Aufstellen einer Gleichung)

Lena beschäftigt sich mit geometrischen Textaufgaben. Dabei stellt sie mithilfe von Textteilen eine Gleichung auf und kontrolliert das Ergebnis.

Kontrolliere die Lösung durch Nachrechnen.

$x^2 + 35 = x^2 + 4x + 3$; $32 = 4x$; $8 = x$

Wie groß ist der Flächeninhalt des Ausgangsquadrates?

$A = 64\ cm^2$

Mögliche Reihenfolge: 2 – 8 – 7 – 10 – 5 – 12 – 1 – 6 – 4 – 9 – 11 – 3

	Quadrat (Ausgangsfläche)	Rechteck (veränderte Fläche)
Länge	x	$x + 1$
Breite	x	$x + 3$
Fläche A	x^2	$(x + 1) \cdot (x + 3)$

Gleichung: **$x^2 + 35$** = **$(x + 1) \cdot (x + 3)$**

Lösung: **$x = 8$**

1. Der Gleichung liegen zwei verschiedene Flächen zugrunde.
2. Die Ausgangsfläche ist ein Quadrat.
3. Die Lösung der Gleichung lautet x = 8 cm.
4. Beide Flächen werden nach „Länge mal Breite" berechnet.
5. Die Breite der Ausgangsfigur wird um 3 cm verändert.
6. Die veränderte Fläche ist rechteckig.
7. Für die Quadratfläche ergibt sich $A = x^2$.
8. Die Quadratseite wird als Unbekannte x gesetzt.
9. $(x + 1) \cdot (x + 3)$ lautet die Flächenformel für das Rechteck.
10. Die Breite des Quadrates wird nicht verkürzt.
11. 35 cm^2 weniger ist die Fläche des Quadrates im Vergleich zur veränderten Figur.
12. Die Länge des Quadrates wird um 1 cm verlängert.

Figuren aus Kreisteilen

Nico soll als Hausaufgabe die folgende geometrische Figur, bestehend aus sechs Teilen, zeichnen und entsprechend den Angaben gestalten.

Aus welchen sechs geometrischen Teilfiguren besteht die Gesamtfigur und wie sind ihre Teile eingefärbt? Zeichne.

1. Die restliche Fläche bleibt weiß.
2. Das Quadrat hat eine Länge von 4 cm.
3. Die obere Sichel ist grün eingefärbt.
4. An jeder Quadratseite wird ein nach außen orientierter Halbkreis angelegt.
5. Die rechte und linke Sichel haben die gleiche Farbe.
6. Eine Sichel wird blau markiert.
7. Im Schwerpunkt des Quadrates liegt auch der Mittelpunkt eines Kreises.
8. Nicht die untere Sichel ist rot.
9. Durch die vier Quadratecken verläuft ein Kreis.
10. Das Quadrat ist gelb untermalt.

Figuren aus Kreisteilen

Birthe erhält die Aufgabe, mithilfe von zwölf Angaben eine geometrische Figur zu entwickeln und entsprechend farbig auszumalen.

Aus welchen Figuren und Farben besteht die geometrische Figur? Zeichne.

1. Beim Blick auf die Figur entdeckt man acht Teile, jeweils vier sind gleich groß.
2. Die Restfläche ist lila bzw. rosa einzufärben.
3. Es werden sechs Farben zum Ausmalen benötigt.
4. Der waagerechte Teil der Restfläche ist rosa ausgemalt.
5. Das Quadrat hat eine Seitenlänge von 5 cm.
6. Das rechte obere Blütenblatt ist blau.
7. Die beiden unteren Blütenblätter sind nicht gelb.
8. Jeweils die Mitte einer Quadratseite muss markiert werden.
9. Grün ist das linke untere Blütenblatt gefärbt.
10. Die vier Halbkreise berühren sich in einem Punkt.
11. Über jede Quadratseite wird ein Halbkreis eingetragen.
12. Die noch fehlende Blütenblattfarbe ist Rot.

Figuren aus Kreisteilen

Nico soll als Hausaufgabe die folgende geometrische Figur, bestehend aus sechs Teilen, zeichnen und entsprechend den Angaben gestalten.

Aus welchen sechs geometrischen Teilfiguren besteht die Gesamtfigur und wie sind ihre Teile eingefärbt? Zeichne.

Die geometrische Figur besteht aus: Quadrat, Kreis und vier gleichgroßen Halbkreisen.

Mögliche Reihenfolge: 2 – 10 – 4 – 7 – 9 – 3 – 8 – 6 – 5 – 1

1. Die restliche Fläche bleibt weiß.
2. Das Quadrat hat eine Länge von 4 cm.
3. Die obere Sichel ist grün eingefärbt.
4. An jeder Quadratseite wird ein nach außen orientierter Halbkreis angelegt.
5. Die rechte und linke Sichel haben die gleiche Farbe.
6. Eine Sichel wird blau markiert.
7. Im Schwerpunkt des Quadrates liegt auch der Mittelpunkt eines Kreises.
8. Nicht die untere Sichel ist rot.
9. Durch die vier Quadratecken verläuft ein Kreis.
10. Das Quadrat ist gelb untermalt.

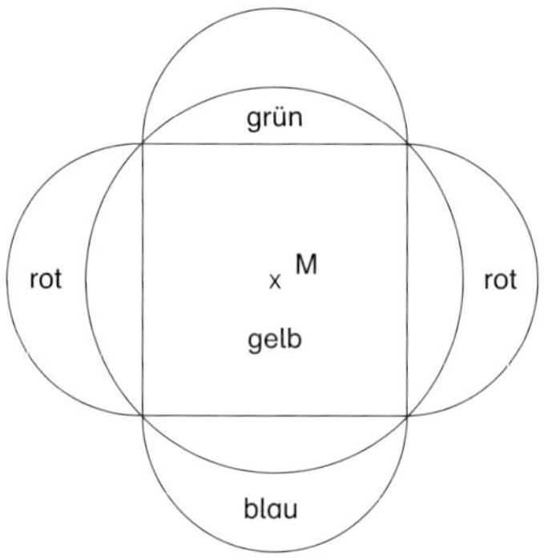

Figuren aus Kreisteilen

Birthe erhält die Aufgabe, mithilfe von zwölf Angaben eine geometrische Figur zu entwickeln und entsprechend farbig auszumalen.

Aus welchen Figuren und Farben besteht die geometrische Figur? Zeichne.

Die Figur besteht aus einem Quadrat, in das vier sich berührende Halbkreise eingetragen sind.

Mögliche Reihenfolge: 5 – 8 – 11 – 10 – 1 – 6 – 7 – 9 – 12 – 3 – 4 – 2

1. Beim Blick auf die Figur entdeckt man acht Teile, jeweils vier sind gleich groß.
2. Die Restfläche ist lila bzw. rosa einzufärben.
3. Es werden sechs Farben zum Ausmalen benötigt.
4. Der waagerechte Teil der Restfläche ist rosa ausgemalt.
5. Das Quadrat hat eine Seitenlänge von 5 cm.
6. Das rechte obere Blütenblatt ist blau.
7. Die beiden unteren Blütenblätter sind nicht gelb.
8. Jeweils die Mitte einer Quadratseite muss markiert werden.
9. Grün ist das linke untere Blütenblatt gefärbt.
10. Die vier Halbkreise berühren sich in einem Punkt.
11. Über jede Quadratseite wird ein Halbkreis eingetragen.
12. Die noch fehlende Blütenblattfarbe ist Rot.

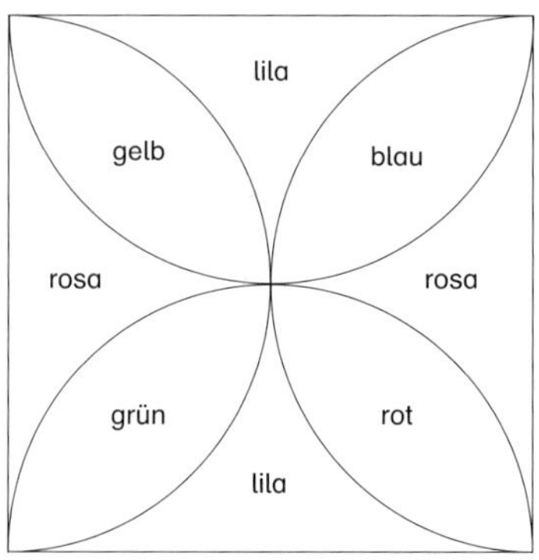

Verkehrsinsel gestalten

An einer gefährlichen Straßenkreuzung wird ein Kreisverkehr angelegt.
Für die Ausgestaltung der Verkehrsinsel stellt der Planer folgendes Konzept vor.

Welchen Durchmesser hat die Verkehrsinsel bis zur Straße und wie wird sie optisch gestaltet?

1. Der Gesamtdurchmesser der Verkehrsinsel inklusive Straße beträgt 30 m.
2. Der äußere Kreisring wird in vier gleich große Teile zerlegt.
3. Tulpen und Nelken stehen sich gegenüber.
4. Der Innenkreis hat einen Radius von 3 m.
5. Der mittlere Kreisring wird mit Kieselsteinen ausgelegt.
6. Im zweiten Quartal des äußeren Kreisringes werden Stiefmütterchen angepflanzt.
7. Vergissmeinnicht stehen nicht im ersten Quartal.
8. Kurze blühende Sträucher stehen im Innenkreis.
9. Die Straße erhält eine Breite von 5 m.
10. Der äußere Kreisring ist 5 m breit.

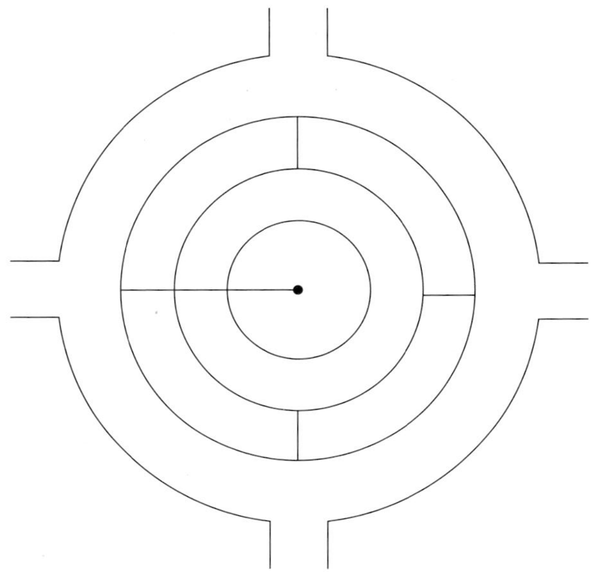

Ein Sockel für einen Gedenkstein

Ein Künstler entwirft einen Sockel für einen Gedenkstein. Der Entwurf besteht aus einem Kreis und vier Kreisringen, die jeweils stufenförmig ansteigen und unterschiedlich gestaltet sind.

Welchen Durchmesser hat das gesamte Kunstwerk, wenn der Durchmesser des Standkreises 5 m beträgt und wie ist es optisch gestaltet?

1. Der Gedenkstein steht auf dem inneren Kreis.
2. Je näher die Kreisringe an dem Gedenkstein liegen, desto heller wird ihr Untergrund.
3. Die hellste Kreisringfarbe ist Hellgrau.
4. Dunkelgrau ist nicht die dunkelste Farbe.
5. Der äußerste Ring besteht aus Basaltsteinen.
6. Der kleinste Kreisring ist mit Mosaiksteinchen ausgelegt.
7. Neben quadratischen Steinen werden auch herzförmige Steine verlegt.
8. Ein Kreisring ist naturgrau gestaltet.
9. Die Basaltsteine wirken tiefschwarz.
10. Die quadratischen Steine zieren den Kreisring, der sich den Basaltsteinen anschließt.
11. Die Breite jedes Kreisringes beträgt 1,50 m.
12. Im inneren Kreis liegen weiße Kiesel um den Gedenkstein.

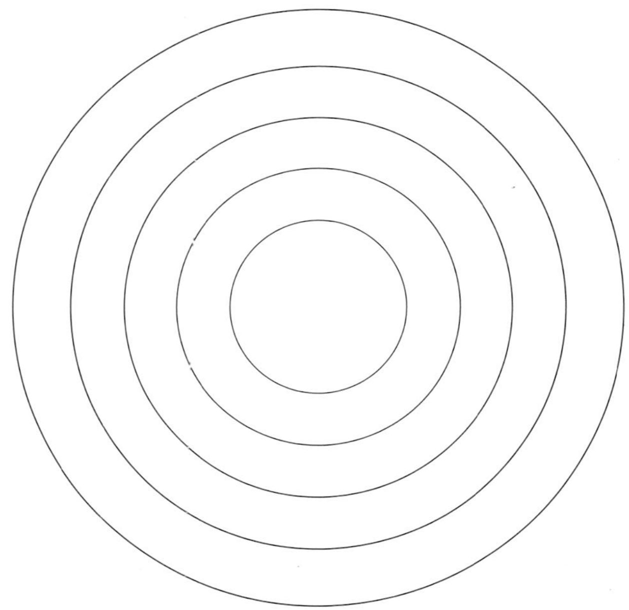

Verkehrsinsel gestalten

An einer gefährlichen Straßenkreuzung wird ein Kreisverkehr angelegt.
Für die Ausgestaltung der Verkehrsinsel stellt der Planer folgendes Konzept vor.

Welchen Durchmesser hat die Verkehrsinsel bis zur Straße und wie wird sie optisch gestaltet?

Der Durchmesser der Verkehrsinsel beträgt 20 m. (30 m Gesamtdurchmesser minus zweimal die Straßenbreite von 5 m = 20 m)

Mögliche Reihenfolge: 2 – 4 – 5 – 6 – 7 – 3 – 9 – 8 – 10 – 1

1. Der Gesamtdurchmesser der Verkehrsinsel inklusive Straße beträgt 30 m.
2. Der äußere Kreisring wird in vier gleich große Teile zerlegt.
3. Tulpen und Nelken stehen sich gegenüber.
4. Der Innenkreis hat einen Radius von 3 m.
5. Der mittlere Kreisring wird mit Kieselsteinen ausgelegt.
6. Im zweiten Quartal des äußeren Kreisringes werden Stiefmütterchen angepflanzt.
7. Vergissmeinnicht stehen nicht im ersten Quartal.
8. Kurze blühende Sträucher stehen im Innenkreis.
9. Die Straße erhält eine Breite von 5 m.
10. Der äußere Kreisring ist 5 m breit.

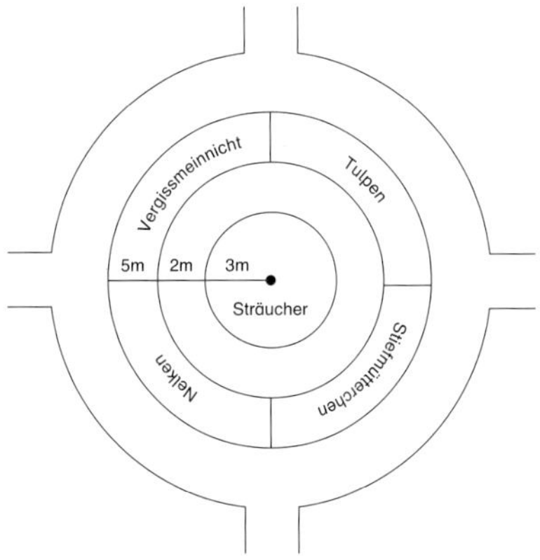

Ein Sockel für einen Gedenkstein

Ein Künstler entwirft einen Sockel für einen Gedenkstein. Der Entwurf besteht aus einem Kreis und vier Kreisringen, die jeweils stufenförmig ansteigen und unterschiedlich gestaltet sind.

Welchen Durchmesser hat das gesamte Kunstwerk, wenn der Durchmesser des Standkreises 5 m beträgt und wie ist es optisch gestaltet?

Der Durchmesser des gesamten Kunstwerkes beträgt 17 m.

Mögliche Reihenfolge: 1 – 3 – 5 – 9 – 6 – 10 – 12 – 4 – 2 – 8 – 7 – 11

1. Der Gedenkstein steht auf dem inneren Kreis.
2. Je näher die Kreisringe an dem Gedenkstein liegen, desto heller wird ihr Untergrund.
3. Die hellste Kreisringfarbe ist Hellgrau.
4. Dunkelgrau ist nicht die dunkelste Farbe.
5. Der äußerste Ring besteht aus Basaltsteinen.
6. Der kleinste Kreisring ist mit Mosaiksteinchen ausgelegt.
7. Neben quadratischen Steinen werden auch herzförmige Steine verlegt.
8. Ein Kreisring ist naturgrau gestaltet.
9. Die Basaltsteine wirken tiefschwarz.
10. Die quadratischen Steine zieren den Kreisring, der sich den Basaltsteinen anschließt.
11. Die Breite jedes Kreisringes beträgt 1,50 m.
12. Im inneren Kreis liegen weiße Kiesel um den Gedenkstein.

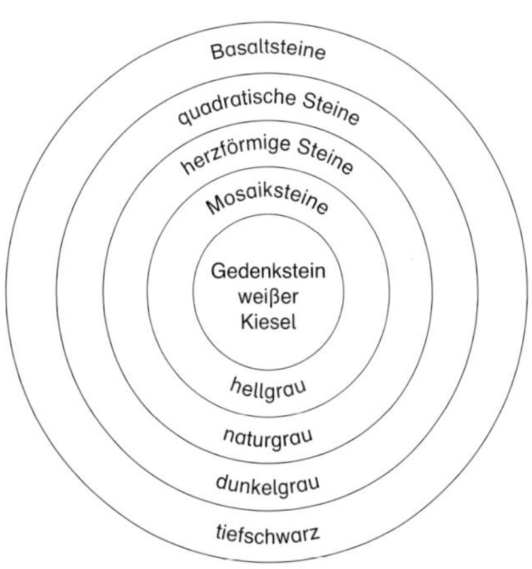

Geometrische Körper im Alltag

Simon ordnet als Hausaufgabe geometrischen Körpern Gegenstände des täglichen Lebens und deren Materialien zu.

Welche Gegenstände bestehen aus Karton?

___

___

geometrischer Körper	Gegenstand	Material

1. Vier der fünf Körper gehören zu den geraden Körpern.
2. Karton als Alltagsmaterial kommt zweifach vor.
3. Das Prisma besteht nicht aus Leder.
4. Schaumstoff ist das Material des Würfels.
5. Blech als Material ist nicht dem Quader zugeordnet.
6. Die Lebkuchenverpackung hat die Form eines Prismas.
7. Würfelzahlen sind nicht auf der Kugel abgebildet.
8. Schuhkarton und Fußball sind zwei der Alltagsgegenstände.
9. Ein Körper besteht aus sechs rechteckigen Flächen.
10. Die Lebensmitteldose hat die Form eines Zylinders.

Körpermodelle entwerfen

Als Anschauungsmaterialien für den Mathematikunterricht werden folgende farbige Körpermodelle erstellt.

Welche beiden Körper werden aus fünf Teilflächen, welche aus sechs Teilflächen zusammengesetzt?

Körpermodel	Gesamtflächen	Farbe

1. Es gibt zwei Modelle, die aus je fünf Teilflächen bestehen.
2. Eines der beiden fünfflächigen Modelle ist gelb.
3. Der Kegel wird aus lilafarbenem Karton gebastelt.
4. Ein Körpermodell ist eine Pyramide.
5. Der Körper mit der quadratischen Grundfläche ist grau.
6. Nicht der Zylinder besteht aus blauem Karton.
7. Neben dem Quader gibt es noch einen Körper mit sechs Teilflächen.
8. Nicht der Quader ist grün.
9. Aus genau drei Flächen setzt sich der Zylinder zusammen.
10. Die Trapezsäule wird aus rotem Karton erstellt.
11. Das Prisma setzt sich aus fünf Teilen zusammen.
12. Für den Bau eines Körpers werden nur zwei Teilflächen benötigt.

Geometrische Körper im Alltag

Simon ordnet als Hausaufgabe geometrischen Körpern Gegenstände des täglichen Lebens und deren Materialien zu.

Welche Gegenstände bestehen aus Karton?

Der Schuhkarton und die Lebkuchenverpackung sind aus Karton.

Mögliche Reihenfolge: 4 – 6 – 10 – 7 – 1 – 9 – 8 – 3 – 5 – 2

geometrischer Körper	Gegenstand	Material
Würfel	Zahlenwürfel	Schaumstoff
Prisma	Lebkuchen	Karton
Zylinder	Lebensmitteldose	Blech
Quader	Schuhkarton	Karton
Kugel	Fußball	Leder

1. Vier der fünf Körper gehören zu den geraden Körpern.
2. Karton als Alltagsmaterial kommt zweifach vor.
3. Das Prisma besteht nicht aus Leder.
4. Schaumstoff ist das Material des Würfels.
5. Blech als Material ist nicht dem Quader zugeordnet.
6. Die Lebkuchenverpackung hat die Form eines Prismas.
7. Würfelzahlen sind nicht auf der Kugel abgebildet.
8. Schuhkarton und Fußball sind zwei der Alltagsgegenstände.
9. Ein Körper besteht aus sechs rechteckigen Flächen.
10. Die Lebensmitteldose hat die Form eines Zylinders.

Körpermodelle entwerfen

Als Anschauungsmaterialien für den Mathematikunterricht werden folgende farbige Körpermodelle erstellt.

Welche beiden Körper werden aus fünf Teilflächen, welche aus sechs Teilflächen zusammengesetzt?

Pyramide und Prisma haben je fünf, Quader und Trapezsäule je sechs Teilflächen.

Mögliche Reihenfolge: 3 – 4 – 9 – 10 – 12 – 11 – 1 – 5 – 2 – 6 – 7 – 8

Körpermodel	Gesamtflächen	Farbe
Kegel	2	Lila
Pyramide	5	Grau
Zylinder	3	Grün
Trapezsäule	6	Rot
Prisma	5	Gelb
Quader	6	Blau

1. Es gibt zwei Modelle, die aus je fünf Teilflächen bestehen.
2. Eines der beiden fünfflächigen Modelle ist gelb.
3. Der Kegel wird aus lilafarbenem Karton gebastelt.
4. Ein Körpermodell ist eine Pyramide.
5. Der Körper mit der quadratischen Grundfläche ist grau.
6. Nicht der Zylinder besteht aus blauem Karton.
7. Neben dem Quader gibt es noch einen Körper mit sechs Teilflächen.
8. Nicht der Quader ist grün.
9. Aus genau drei Flächen setzt sich der Zylinder zusammen.
10. Die Trapezsäule wird aus rotem Karton erstellt.
11. Das Prisma setzt sich aus fünf Teilen zusammen.
12. Für den Bau eines Körpers werden nur zwei Teilflächen benötigt.

Körper und ihre Flächen

Geometrischen Körpern müssen ihren Flächen (Grundfläche und Mantel) zugeordnet werden.

Welcher Körper hat eine quadratische Grundfläche?

____

____

Körper	Grundfläche	Gesamtflächen Mantel	Form Mantel

1. Jeder Körper hat eine andere Grundfläche.
2. 4 ist die höchste Anzahl der Mantelflächen und kommt zweimal vor.
3. Zu einem spitzen Körper gehören vier Mantelflächen in Dreiecksform.
4. Eine Grundfläche ist kreisförmig.
5. Die dreieckige Grundfläche gehört zu einem Prisma.
6. Nur eine rechteckige Mantelfläche gehört zur Grundfläche eines geraden Körpers.
7. Addiert man alle Mantelflächen, ergeben sich zwölf Teilflächen.
8. Mantel- und Grundfläche des Quaders sind rechteckig.
9. Der Mantel über der dreieckigen Grundfläche besteht aus drei gleichen Rechtecken.
10. Ein Körper ist ein Zylinder.

Körper und ihre Flächen

Ingo ordnet folgende Angaben den entsprechenden Körpern zu: spitzer oder gerader Körper, Grundfläche und Mantel.

Wie viele Mantelflächen hat der Quader?

____

Wie viele Körper zählen zu den spitzen, wie viele sind gerade Körper?

____

____

Körper	Grundfläche	Form Mantel	Mantelflächen	spitz/gerade

1. Der Körpermantel besteht aus zwei verschieden großen Rechtecken.
2. Zu einer quadratischen Grundfläche gehören vier Mantelflächen.
3. Die Dreieckspyramide ist ein spitzer Körper.
4. Ungerade ist die Anzahl der Mantelflächen des Kegels.
5. Zum regelmäßigen Prisma gehören rechteckige Mantelflächen.
6. Zwei Körper bauen auf einem Kreis als Grundfläche auf.
7. Bei den Mantelflächen kommen die Zahlen 1 und 3 doppelt vor.
8. Der Zylinder zählt nicht zu den spitzen Körpern.
9. Bei insgesamt drei Körpern sind die Mantelflächen rechteckig.
10. Die Mantelflächen von zwei Körpern sind dreieckig, ebenso zwei Grundflächen.
11. Der Kreissektor als Mantel gehört nicht zum Zylinder.
12. Neben der quadratischen Pyramide gibt es auch einen Quader.

Körper und ihre Flächen

Geometrischen Körpern müssen ihren Flächen (Grundfläche und Mantel) zugeordnet werden.

Welcher Körper hat eine quadratische Grundfläche?

Die quadratische Pyramide hat eine quadratische Grundfläche.

Mögliche Reihenfolge: 3 – 5 – 8 – 9 – 2 – 7 – 10 – 4 – 6 – 1

Körper	Grundfläche	Gesamtflächen Mantel	Form Mantel
Quadratische Pyramide	Quadrat	4	Dreieck
Prisma	Dreieck	3	Rechteck
Quader	Rechteck	4	Rechteck
Zylinder	Kreis	1	Rechteck

1. Jeder Körper hat eine andere Grundfläche.
2. 4 ist die höchste Anzahl der Mantelflächen und kommt zweimal vor.
3. Zu einem spitzen Körper gehören vier Mantelflächen in Dreiecksform.
4. Eine Grundfläche ist kreisförmig.
5. Die dreieckige Grundfläche gehört zu einem Prisma.
6. Nur eine rechteckige Mantelfläche gehört zur Grundfläche eines geraden Körpers.
7. Addiert man alle Mantelflächen, ergeben sich zwölf Teilflächen.
8. Mantel- und Grundfläche des Quaders sind rechteckig.
9. Der Mantel über der dreieckigen Grundfläche besteht aus drei gleichen Rechtecken.
10. Ein Körper ist ein Zylinder.

Körper und ihre Flächen

Ingo ordnet folgende Angaben den entsprechenden Körpern zu: spitzer oder gerader Körper, Grundfläche und Mantel.

Wie viele Mantelflächen hat der Quader?

Der Quader hat vier Mantelflächen.

Wie viele Körper zählen zu den spitzen, wie viele sind gerade Körper?

Ingo hat drei gerade und drei spitze Körper zugeordnet.

Mögliche Reihenfolge: 2 – 3 – 5 – 8 – 6 – 4 – 7 – 11 – 12 – 10 – 1 – 9

Körper	Grundfläche	Form Mantel	Mantelflächen	spitz/gerade
Quadratische Pyramide	Quadrat	Dreieck	4	spitz
Dreieckspyramide	Dreieck	Dreieck	3	spitz
Prisma	Dreieck	Rechteck	3	gerade
Zylinder	Kreis	Rechteck	1	gerade
Kegel	Kreis	Kreissektor	1	spitz
Quader	Rechteck	Rechteck	4	gerade

1. Der Körpermantel besteht aus zwei verschieden großen Rechtecken.
2. Zu einer quadratischen Grundfläche gehören vier Mantelflächen.
3. Die Dreieckspyramide ist ein spitzer Körper.
4. Ungerade ist die Anzahl der Mantelflächen des Kegels.
5. Zum regelmäßigen Prisma gehören rechteckige Mantelflächen.
6. Zwei Körper bauen auf einem Kreis als Grundfläche auf.
7. Bei den Mantelflächen kommen die Zahlen 1 und 3 doppelt vor.
8. Der Zylinder zählt nicht zu den spitzen Körpern.
9. Bei insgesamt drei Körpern sind die Mantelflächen rechteckig.
10. Die Mantelflächen von zwei Körpern sind dreieckig, ebenso zwei Grundflächen.
11. Der Kreissektor als Mantel gehört nicht zum Zylinder.
12. Neben der quadratischen Pyramide gibt es auch einen Quader.

Aus einem Netz den Körper basteln

Ben erstellt das Netz eines Körpers aus den vorgegebenen Bedingungen, schneidet es aus und setzt es anschließend zusammen.

Um welches Körpernetz handelt es sich?

____

Zeichne das Netz und setze den Körper zusammen.

____

1. Das Netz ist spiegelbildlich aufgebaut.
2. Zwei Flächen grenzen jeweils an eine Dreiecksseite.
3. Die links liegende Fläche ist rot.
4. In der Mitte liegen drei Flächen untereinander.
5. Die mittlere Fläche ist ein Rechteck mit 5 cm Länge und 8 cm Breite.
6. Die rechts liegende Fläche ist grün.
7. Alle Rechtecke haben die gleichen Maße.
8. Die beiden Dreiecke sind blau.
9. Oberhalb des mittleren Rechtecks liegt ein gleichseitiges Dreieck.
10. Die letzte fehlende Fläche ist gelb.

Ein Körpernetz zusammensetzen

Conni hat die Aufgabe, mithilfe der vorgegebenen Aussagen das Netz eines Körpers zu zeichnen und es anschließend zusammenzusetzen.

Welches Körpernetz muss Conni zeichnen?

____

Setze aus dem Netz den Körper zusammen.

____

1. Als Farben werden auch Rot und Rosa benötigt.
2. Die Höhe einer Mantelfläche beträgt 6 cm.
3. Die oberste Mantelteilfläche ist grün, ebenso die unterste.
4. Die Grundfläche des Körpers ist ein regelmäßiges Sechseck.
5. Insgesamt besteht die Grundfläche aus sechs gleichseitigen Dreiecken.
6. Gegenüberliegende Dreiecke von Grundfläche und Mantel haben jeweils die gleiche Farbe.
7. Alle Teilflächen des Mantels sind gleich groß.
8. Das Dreieck unterhalb der grünen Farbe ist gelb.
9. Rechts neben dem gelben Dreieck im Uhrzeigersinn befindet sich das blaue Dreieck.
10. Das Dreieck zwischen Blau und Gelb ist grau.
11. Die Grundseite eines Grundflächendreiecks ist 4 cm lang.
12. Das Manteldreieck (im Uhrzeigersinn) neben dem grünen ist rot.

Aus einem Netz den Körper basteln

Ben erstellt das Netz eines Körpers aus den vorgegebenen Bedingungen, schneidet es aus und setzt es anschließend zusammen.

Um welches Körpernetz handelt es sich?

Es handelt sich um ein gleichseitiges Prisma.

Zeichne das Netz und setze den Körper zusammen.

Mögliche Reihenfolge: 5 – 9 – 4 – 8 – 7 – 2 – 3 – 1 – 6 – 10

1. Das Netz ist spiegelbildlich aufgebaut.
2. Zwei Flächen grenzen jeweils an eine Dreiecksseite.
3. Die links liegende Fläche ist rot.
4. In der Mitte liegen drei Flächen untereinander.
5. Die mittlere Fläche ist ein Rechteck mit 5 cm Länge und 8 cm Breite.
6. Die rechts liegende Fläche ist grün.
7. Alle Rechtecke haben die gleichen Maße.
8. Die beiden Dreiecke sind blau.
9. Oberhalb des mittleren Rechtecks liegt ein gleichseitiges Dreieck.
10. Die letzte fehlende Fläche ist gelb.

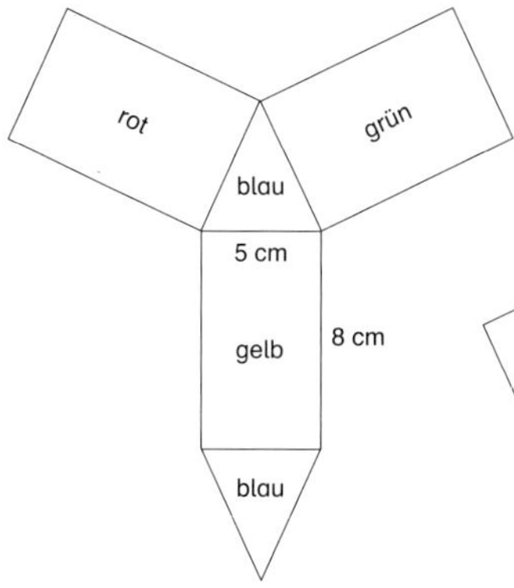

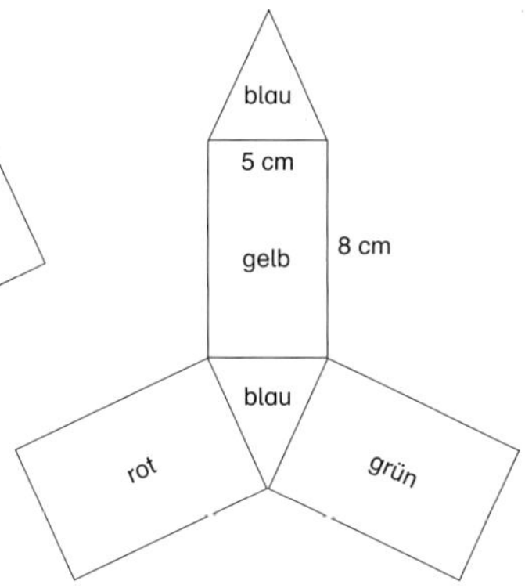

Ein Körpernetz zusammensetzen

Conni hat die Aufgabe, mithilfe der vorgegebenen Aussagen das Netz eines Körpers zu zeichnen und es anschließend zusammenzusetzen.

Welches Körpernetz muss Conni zeichnen?

Conni muss das Netz einer regelmäßigen Sechseckpyramide zeichnen.

Setze aus dem Netz den Körper zusammen.

Mögliche Reihenfolge: 11 – 4 – 5 – 2 – 7 – 3 – 8 – 6 – 9 – 10 – 12 – 1

1. Als Farben werden auch Rot und Rosa benötigt.
2. Die Höhe einer Mantelfläche beträgt 6 cm.
3. Die oberste Mantelteilfläche ist grün, ebenso die unterste.
4. Die Grundfläche des Körpers ist ein regelmäßiges Sechseck.
5. Insgesamt besteht die Grundfläche aus sechs gleichseitigen Dreiecken.
6. Gegenüberliegende Dreiecke von Grundfläche und Mantel haben jeweils die gleiche Farbe.
7. Alle Teilflächen des Mantels sind gleich groß.
8. Das Dreieck unterhalb der grünen Farbe ist gelb.
9. Rechts neben dem gelben Dreieck im Uhrzeigersinn befindet sich das blaue Dreieck.
10. Das Dreieck zwischen Blau und Gelb ist grau.
11. Die Grundseite eines Grundflächendreiecks ist 4 cm lang.
12. Das Manteldreieck (im Uhrzeigersinn) neben dem grünen ist rot.

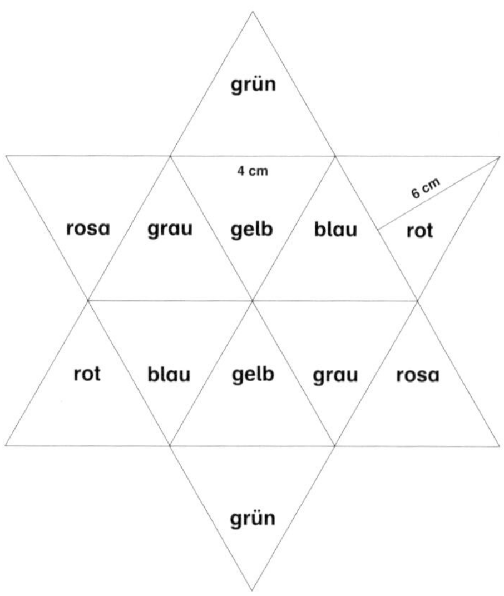

Übungen am PC

In einer Freistunde bearbeiten vier Schüler an vier Arbeitsplätzen mit je einem eigenen PC als Vorbereitung für die Mathematikarbeit spezielle Themen aus dem Bereich Körperberechnungen.

Wie lautet die Oberflächenformel für Svens geometrischen Körper?

____

____

Name				
Körper				
Volumen				
Oberfläche				

1. Sven und Luca sitzen nebeneinander.
2. Der noch fehlende Körper ist die quadratische Pyramide.
3. Luca sitzt neben dem Jungen, der den Zylinder übt und dem, der als Volumenformel gerade $V = abc$ auf dem Bildschirm hat.
4. Eine Oberflächenformel lautet $O = 2\pi r^2 + 2\pi rk$.
5. Dennis schaut nach rechts, da Sven das gleiche Thema bearbeitet.
6. Die Formel $O = 2ab + 2ac + 2bc$ gehört nicht zum Übungsteil von Luca.
7. Moritz sitzt auf dem äußersten rechten Arbeitsplatz.
8. Als Luca beim Volumen $V = \pi r^2 k$ eintippt, meldet der PC „Fehler“.
9. Die Grundfläche von Dennis’ Körper ist rund, der Körper gerade.
10. Luca versucht es mit $V = a^2k : 3$, der PC meldet „richtig“.

Arbeitsstunde am PC

Vier Mädchen bereiten sich in der Arbeitsstunde am PC an jeweils einem eigenen Arbeitsplatz auf die nächste Mathematikarbeit vor. Sie üben den Einsatz von Formeln aus dem Themenbereich Körper.

Mit welchem Körper beschäftigt sich Maria an ihrem PC?

____

Ergänze die fehlenden Mantelformeln.

____

____

Name				
Körper				
Volumen				
Mantel				
Oberfläche				

1. Lenas Oberflächenformel lautet $a^2 + 2ah$.
2. Die Oberflächenformeln von Lena und Maria unterscheiden sich durch einen Buchstaben.
3. Silke übt Formeln und Aufgaben für den Zylinder.
4. Es gibt jeweils zwei runde und zwei viereckige Grundflächen.
5. Zwei der Körper sind spitz.
6. Maria sitzt am rechten Arbeitsplatz und tippt gerade $M = 2ak$ ein.
7. Silke schaut zu Anna, die die Volumenformel $V = (\pi r^2 k) : 3$ eingesetzt hat.
8. Lenas Mantelflächenformel lautet: $M = 2ah$.
9. Die Oberflächenformel $\pi r^2 + 2\pi rs$ ist nicht Silkes Formel.
10. Bei Lenas Körper muss die Volumenformel von Maria a^2k mit $^1/_3$ multipliziert werden.
11. Die noch fehlende Oberflächenformel lautet $O = 2\pi r^2 + 2\pi rk$.
12. Silke trägt $\pi r^2 k$ ein.

Lösungen

Übungen am PC

In einer Freistunde bearbeiten vier Schüler an vier Arbeitsplätzen mit je einem eigenen PC als Vorbereitung für die Mathematikarbeit spezielle Themen aus dem Bereich Körperberechnungen.

Wie lautet die Oberflächenformel für Svens geometrischen Körper?

Die Formel lautet $O = 2\pi r^2 + 2\pi rk$.

Mögliche Reihenfolge: 7 – 5 – 1 – 9 – 3 – 4 – 8 – 10 – 6 – 2

Name	**Dennis**	**Sven**	**Luca**	**Moritz**
Körper	**Zylinder**	**Zylinder**	**Quadratische Pyramide**	**Quader**
Volumen	$V = \pi r^2k$	$V = \pi r^2k$	$V = a^2k : 3$	$V = abc$
Oberfläche	$O = 2\pi r^2 + 2\pi rk$	$O = 2\pi r^2 + 2\pi rk$	$O = a^2 + 2ah$ **oder** $= a^2 + 2a \cdot 5$	$O = 2ab + 2ac + 2bc$

1. Sven und Luca sitzen nebeneinander.
2. Der noch fehlende Körper ist die quadratische Pyramide.
3. Luca sitzt neben dem Jungen, der den Zylinder übt und dem, der als Volumenformel gerade $V = abc$ auf dem Bildschirm hat.
4. Eine Oberflächenformel lautet $O = 2\pi r^2 + 2\pi rk$.
5. Dennis schaut nach rechts, da Sven das gleiche Thema bearbeitet.
6. Die Formel $O = 2ab + 2ac + 2bc$ gehört nicht zum Übungsteil von Luca.
7. Moritz sitzt auf dem äußersten rechten Arbeitsplatz.
8. Als Luca beim Volumen $V = \pi r^2 k$ eintippt, meldet der PC „Fehler".
9. Die Grundfläche von Dennis' Körper ist rund, der Körper gerade.
10. Luca versucht es mit $V = a^2k : 3$, der PC meldet „richtig".

Arbeitsstunde am PC

Vier Mädchen bereiten sich in der Arbeitsstunde am PC an jeweils einem eigenen Arbeitsplatz auf die nächste Mathematikarbeit vor. Sie üben den Einsatz von Formeln aus dem Themenbereich Körper.

Mit welchem Körper beschäftigt sich Maria an ihrem PC?

Maria beschäftigt sich mit der quadratischen Säule.

Ergänze die fehlenden Mantelformeln.

(s. Tabelle)

Mögliche Reihenfolge: 6 – 7 – 12 – 1 – 3 – 8 – 4 – 5 – 9 – 10 – 2 – 11

Name	**Silke**	**Anna**	**Lena**	**Maria**
Körper	**Zylinder**	**Kegel**	**Quadratische Pyramide**	**Quadratische Säule**
Volumen	πr^2k	$\pi r^2k : 3$	$a^2k : 3$	a^2k
Mantel	$2\pi rk$	$2\pi rs$	$2ah$	$2ak$
Oberfläche	$2\pi r^2 + 2\pi rk$	$\pi r^2 + 2\pi rs$	$a^2 + 2ah$	$a^2 + 2ak$

1. Lenas Oberflächenformel lautet $a^2 + 2ah$.
2. Die Oberflächenformeln von Lena und Maria unterscheiden sich durch einen Buchstaben.
3. Silke übt Formeln und Aufgaben für den Zylinder.
4. Es gibt jeweils zwei runde und zwei viereckige Grundflächen.
5. Zwei der Körper sind spitz.
6. Maria sitzt am rechten Arbeitsplatz und tippt gerade $M = 2ak$ ein.
7. Silke schaut zu Anna, die die Volumenformel $V = (\pi r^2k) : 3$ eingesetzt hat.
8. Lenas Mantelflächenformel lautet: $M = 2ah$.
9. Die Oberflächenformel $\pi r^2 + 2\pi rs$ ist nicht Silkes Formel.
10. Bei Lenas Körper muss die Volumenformel von Maria a^2k mit $^1/_3$ multipliziert werden.
11. Die noch fehlende Oberflächenformel lautet $O = 2\pi r^2 + 2\pi rk$.
12. Silke trägt πr^2k ein.

10-Liter-Behälter (Schätzaufgabe)

Patricia soll schätzen, in welchen zylinderförmigen Behälter 10 Liter Wasser passen.

Welcher Zylinder ist mit 10 Liter Wasser gefüllt?

Berechne dazu das Volumen.

Farbe	Radius	Körperhöhe	Volumen

1. Zwei der Zylinder haben die gleiche Höhe.
2. 40 cm ist der größte Durchmesser.
3. Der Radius des roten Zylinders ist der kleinste.
4. Der grüne Zylinder hat keine Höhe von 20 cm.
5. Nur ein Zylinder ist 8 cm hoch.
6. Der mittlere Radius der Zylinder beträgt 15 cm. Der gelbe Zylinder hat den mittleren Radius von 15 cm.
7. Der rote Zylinder hat eine Körperhöhe von 20 cm.
8. Ein Zylinder ist grün.
9. Das Volumen des Zylinders berechnet man so: Grundfläche · Körperhöhe.
10. Der Durchmesser des roten Zylinders ist 16 cm kürzer als der längste Durchmesser.

Behälter für 1 Hektoliter

Winzer Sparfuchs sucht für einen Hektoliter Wein das passende Behältnis aus. Er will nicht zu groß, aber auch nicht zu klein kaufen.

In welchen Behälter passen genau 1 Hektoliter Wein?

___

Berechne das jeweilige Volumen des Behälters.

___

___

___

Behälter	Farbe	Grundfläche	Körperhöhe	Volumen

1. Der prismaförmige Behälter hat eine Höhe von 5 dm.
2. Der quaderförmige Behälter ist nicht gelb.
3. Die Grundfläche des gelben Körpers beträgt 18 dm^2.
4. Der zylinderförmige Behälter ist 30 cm höher als das Prisma.
5. Der trapezförmige Behälter ist nicht der höchste Körper.
6. Der rote Körper hat eine Grundfläche von 12,56 dm^2.
7. Die Grundfläche des prismaförmigen Behälters wird in cm^2 cngegeben.
8. Der höchste Körper ist 1,20 m hoch.
9. Der Körper mit der runden Grundfläche ist rot.
10. Die Trapezsäule ist halb so hoch wie der Quader.
11. 2.000 cm^2 und 8,8 dm^2 des grünen Körpers sind weitere Grundflächen.
12. Der blaue Körper ist 50 cm hoch.

10-Liter-Behälter (Schätzaufgabe)

Patricia soll schätzen, in welchen zylinderförmigen Behälter 10 Liter Wasser passen.

Welcher Zylinder ist mit 10 Liter Wasser gefüllt?

Der grüne Zylinder fasst etwa 10 Liter Wasser.

Berechne dazu das Volumen.

Rechnung: $V = (20\text{ cm})^2 \cdot \pi \cdot 8\text{ cm} = 10.048\text{ cm}^3$

Allgemein: $V = r^2\pi k$

Mögliche Reihenfolge: 7 – 4 – 5 – 1 – 8 – 6 – 2 – 3 – 10 – 9

Farbe	Radius	Körperhöhe	Volumen
Rot	r = 12 cm; d = 24 cm	20 cm	$V = 9.044{,}20\text{ cm}^3$
Gelb	r = 15 cm; d = 30 cm	20 cm	$V = 14.130\text{ cm}^3$
Grün	r = 20 cm; d = 40 cm	8 cm	$V = 10.048\text{ cm}^3$

1. Zwei der Zylinder haben die gleiche Höhe.
2. 40 cm ist der größte Durchmesser.
3. Der Radius des roten Zylinders ist der kleinste.
4. Der grüne Zylinder hat keine Höhe von 20 cm.
5. Nur ein Zylinder ist 8 cm hoch.
6. Der mittlere Radius der Zylinder beträgt 15 cm. Der gelbe Zylinder hat den mittleren Radius von 15 cm.
7. Der rote Zylinder hat eine Körperhöhe von 20 cm.
8. Ein Zylinder ist grün.
9. Das Volumen des Zylinders berechnet man so: Grundfläche · Körperhöhe.
10. Der Durchmesser des roten Zylinders ist 16 cm kürzer als der längste Durchmesser.

Behälter für 1 Hektoliter

Winzer Sparfuchs sucht für einen Hektoliter Wein das passende Behältnis aus. Er will nicht zu groß, aber auch nicht zu klein kaufen.

In welchen Behälter passen genau 1 Hektoliter Wein?

In den prismaförmigen Behälter passt genau 1 Hektoliter Wein.

Berechne das jeweilige Volumen des Behälters.

Rechnung: $1\text{ hl} = 100\text{ l} = 100\text{ dm}^3$; V = Grundfläche · Körperhöhe

Beispiel Prisma: $V = 2.000\text{ cm}^2 \cdot 50\text{ cm} = 100.000\text{ cm}^3 = 100\text{ dm}^3$

Mögliche Reihenfolge: 1 – 3 – 7 – 9 – 4 – 12 – 2 – 6 – 5 – 8 – 10 – 11

Behälter	Farbe	Grundfläche	Körperhöhe	Volumen
Prisma	Blau	2.000 cm^2	50 cm	$V = 100\text{ dm}^3$
Zylinder	Rot	$12{,}56\text{ dm}^2$	8 dm	$V = 100{,}48\text{ dm}^3$
Trapezsäule	Gelb	18 dm^2	60 cm	$V = 108\text{ dm}^3$
Quader	Grün	$8{,}8\text{ dm}^2$	1,20 m	$V = 105{,}6\text{ dm}^3$

1. Der prismaförmige Behälter hat eine Höhe von 5 dm.
2. Der quaderförmige Behälter ist nicht gelb.
3. Die Grundfläche des gelben Körpers beträgt 18 dm^2.
4. Der zylinderförmige Behälter ist 30 cm höher als das Prisma.
5. Der trapezförmige Behälter ist nicht der höchste Körper.
6. Der rote Körper hat eine Grundfläche von $12{,}56\text{ dm}^2$.
7. Die Grundfläche des prismaförmigen Behälters wird in cm^2 angegeben.
8. Der höchste Körper ist 1,20 m hoch.
9. Der Körper mit der runden Grundfläche ist rot.
10. Die Trapezsäule ist halb so hoch wie der Quader.
11. 2.000 cm^2 und $8{,}8\text{ dm}^2$ des grünen Körpers sind weitere Grundflächen.
12. Der blaue Körper ist 50 cm hoch.

Realitätsnahe Modelle

Mithilfe von jeweils zwei verschiedenen zusammengesetzten Körpern werden Modelle erstellt, die in der Realität vorkommen.

Welcher Grundkörper gehört zu dem Hauserker?

____

____

Modell	Farbe	Körper 1	Körper 2

1. Das Rampenmodell ist nicht blau.
2. Das Modell des Hauserkers endet mit einem spitzen Körper.
3. Auf einem Quader ist ein Zylinder aufgesetzt.
4. Bei den drei Modellen kommt der Quader zweimal vor.
5. Ein Quader ist als Abschlusskörper vorgesehen.
6. Als dritte Farbe wird Grau verwendet.
7. Das Modell Denkmal hat einen Quader als Sockel.
8. Als spitzer Körper wird die quadratische Säule benutzt.
9. Der erste Körper des Rampenmodells ist ein Prisma.
10. Der aufsitzende Zylinder ist grün.

Modelle im Querschnitt

Fünf Dinge des Alltags werden als Modelle, jeweils bestehend aus drei Körpern, im Querschnitt dargestellt.

Mit welchem Körper endet das Pfeilmodell?

Ordne den Modellen den entsprechenden Querschnitt zu.

Modell	Körper 1	Körper 2	Körper 3

1. Beim Modell Rampe gibt es keine Trapezsäule, nur bei einem Modell werden Trapezsäulen genutzt.
2. Der Quader kommt bei den fünf Modellen insgesamt sechsmal vor.
3. Ein Zylinder ist der mittlere Körper des Pfeilmodells.
4. Körper 3 des Modell Stahlträgers ist ein Quader.
5. Das Modell Rolle basiert auf drei runden Körpern.
6. Das Modell Schwimmbecken endet mit einem Quader als drittem Körper.
7. Das Modell Rampe ist symmetrisch aufgebaut.
8. Mit einem spitzen Körper endet das Pfeilmodell.
9. Körper 1 und Körper 3 bei einem Modell sind Prismen.
10. Zwei Trapezsäulen gehören zum Modell Schwimmbecken.
11. Als runde Körper werden Zylinder benutzt.
12. Bei zwei Modellen ist der mittlere Körper ein Quader.

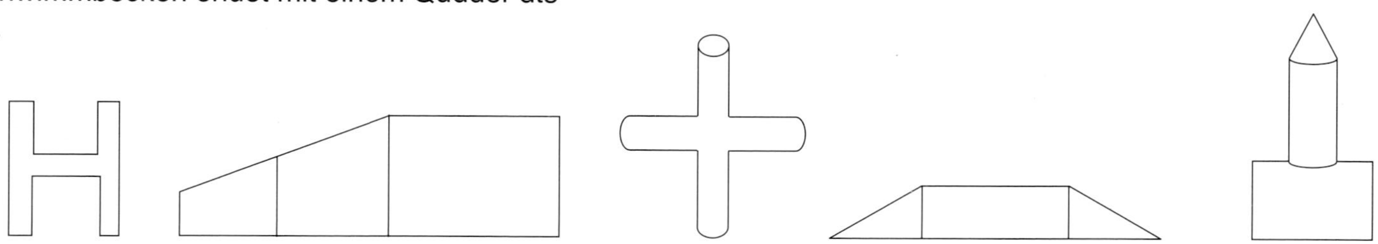

Lösungen

Realitätsnahe Modelle

Mithilfe von jeweils zwei verschiedenen zusammengesetzten Körpern werden Modelle erstellt, die in der Realität vorkommen.

Welcher Grundkörper gehört zu dem Hauserker?

Da das Dach eine quadratische Grundfläche hat, kann der Grundkörper nur ein Würfel sein.

Mögliche Reihenfolge: 7 – 3 – 10 – 2 – 8 – 4 – 5 – 1 – 9 – 6

Modell	Farbe	Körper 1	Körper 2
Denkmal	Grün	Quader	Zylinder
Hauserker	Blau	Würfel	Quadratische Pyramide
Rampe	Grau	Prisma	Quader

1. Das Rampenmodell ist nicht blau.
2. Das Modell des Hauserkers endet mit einem spitzen Körper.
3. Auf einem Quader ist ein Zylinder aufgesetzt.
4. Bei den drei Modellen kommt der Quader zweimal vor.
5. Ein Quader ist als Abschlusskörper vorgesehen.
6. Als dritte Farbe wird Grau verwendet.
7. Das Modell Denkmal hat einen Quader als Sockel.
8. Als spitzer Körper wird die quadratische Säule benutzt.
9. Der erste Körper des Rampenmodells ist ein Prisma.
10. Der aufsitzende Zylinder ist grün.

Modelle im Querschnitt

Fünf Dinge des Alltags werden als Modelle, jeweils bestehend aus drei Körpern, im Querschnitt dargestellt.

Mit welchem Körper endet das Pfeilmodell?

Das Pfeilmodell endet mit einem Kegel als Spitze.

Ordne den Modellen den entsprechenden Querschnitt zu.

Mögliche Reihenfolge: 3 – 4 – 6 – 1 – 10 – 5 – 11 – 12 – 7 – 9 – 2 – 8

Modell	Körper 1	Körper 2	Körper 3
Pfeil	Quader	Zylinder	Kegel
Stahlträger	Quader	Quader	Quader
Schwimmbecken	Trapezsäule	Trapezsäule	Quader
Rolle	Zylinder	Zylinder	Zylinder
Rampe	Prisma	Quader	Prisma

1. Beim Modell Rampe gibt es keine Trapezsäule, nur bei einem Modell werden Trapezsäulen genutzt.
2. Der Quader kommt bei den fünf Modellen insgesamt sechsmal vor.
3. Ein Zylinder ist der mittlere Körper des Pfeilmodells.
4. Körper 3 des Modell Stahlträgers ist ein Quader.
5. Das Modell Rolle basiert auf drei runden Körpern.
6. Das Modell Schwimmbecken endet mit einem Quader als drittem Körper.
7. Das Modell Rampe ist symmetrisch aufgebaut.
8. Mit einem spitzen Körper endet das Pfeilmodell.
9. Körper 1 und Körper 3 bei einem Modell sind Prismen.
10. Zwei Trapezsäulen gehören zum Modell Schwimmbecken.
11. Als runde Körper werden Zylinder benutzt.
12. Bei zwei Modellen ist der mittlere Körper ein Quader.

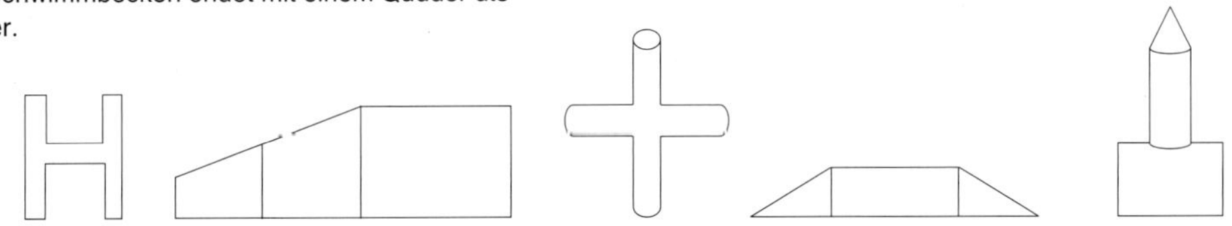

Stahlträger **Schwimmbecken** **Rolle** **Rampe** **Pfeil**

Verkehrskontrolle

An einem Unfallschwerpunkt in Stadtnähe fand eine Verkehrskontrolle statt. Die Polizei berichtet über das Ergebnis.

Wie hoch ist die relative Häufigkeit von Verwarnungen und Anzeigen?

Ergänze in der Tabelle zunächst die fehlenden Werte.

Fahrzeug	ohne Beanstandung	Verwarnungen	Anzeigen	Anzahl Fahrzeuge (gesamt)
Lkw				
Pkw				
gesamt				
Rechnung relative Häufigkeit				

1. 170 Verkehrsteilnehmer konnten ohne Beanstandung weiterfahren.
2. Es fuhren 90 Pkw mehr als Lkw durch die Kontrollstelle.
3. Eine Anzeige für 10 Fahrzeughalter betraf nicht die Pkw-Fahrer.
4. Die relative Häufigkeit der Fahrzeuge ohne Beanstandung beträgt 68 %.
5. Die Zahl der Lkw ohne Beanstandung ist doppelt so groß wie die Gesamtzahl der Anzeigen.
6. 35 Pkw-Fahrer erhielten eine gebührenpflichtige Verwarnung.
7. Insgesamt wurden 250 Fahrzeuge kontrolliert.
8. Die Gesamtzahl der Verwarnungen ist nicht 25.
9. Von einem Fahrzeugtyp wurden 170 kontrolliert
10. Bei den Lkw gab es 15 Verwarnungen weniger als bei den Pkw.

Beliebte Musikrichtungen

In einer Umfrage im 7./8. Schuljahr wurden die Schüler nach ihren bevorzugten Musikrichtungen gefragt.

Ergänze zunächst die fehlenden Werte bei Stufe bzw. Gesamtzahl.

Welche relative Häufigkeit hat die Musikrichtung Techno, welche Hip-Hop?

Klassenstufe	Pop-Rock	Techno	Hip-Hop	Schlager
7				
8				
gesamt				
rel. Häufigkeit				
Rechnung				

1. In der Stufe 7 wählen die meisten Schüler Techno.
2. Schlager als Musikwunsch ist in beiden Stufen gleich stark vertreten.
3. In der Stufe 8 entscheiden sich 45 Schüler für Hip-Hop.
4. Die relative Häufigkeit beim Schlager liegt bei 4 %.
5. 28 % relative Häufigkeit trifft nicht auf Hip-Hop zu.
6. Techno erhielt in der Stufe 8 40 Nennungen.
7. Insgesamt 70 Schüler entscheiden sich für Pop-Rock.
8. Nur 5 Schüler wählten in der Stufe 7 den Schlager.
9. Techno ist aufgrund der relativen Häufigkeit am beliebtesten.
10. 30 Schüler entscheiden sich in der Stufe 7 für Pop-Rock.
11. Für Hip-Hop entscheiden sich in beiden Stufen je 5 Schüler mehr als für Pop-Rock.
12. Die meisten Stimmen für eine Musikrichtung in einer Klasse waren 50.

Verkehrskontrolle

An einem Unfallschwerpunkt in Stadtnähe fand eine Verkehrskontrolle statt. Die Polizei berichtet über das Ergebnis.

Wie hoch ist die relative Häufigkeit von Verwarnungen und Anzeigen?
Die relative Häufigkeit von Verwarnungen beträgt 22 %, die von Anzeigen 10 %.

Ergänze in der Tabelle zunächst die fehlenden Werte.
Verwarnungen: 55 Verkehrsteilnehmer, Anzeige: 15 Pkw-Fahrer, Gesamtzahl Lkw: 80

Mögliche Reihenfolge: 1 – 6 – 8 – 10 – 7 – 3 – 5 – 2 – 9 – 4

Fahrzeug	ohne Beanstandung	Verwarnungen	Anzeigen	Anzahl Fahrzeuge (gesamt)
Lkw	50	20	10	80
Pkw	120	35	15	170
gesamt	170	55	25	250
Rechnung relative Häufigkeit	170 : 250 = 0,68 = 68 %	55 : 250 = 0,22 = 22 %	25 : 250 = 0,10 = 10 %	

1. 170 Verkehrsteilnehmer konnten ohne Beanstandung weiterfahren.
2. Es fuhren 90 Pkw mehr als Lkw durch die Kontrollstelle.
3. Eine Anzeige für 10 Fahrzeughalter betraf nicht die Pkw-Fahrer.
4. Die relative Häufigkeit der Fahrzeuge ohne Beanstandung beträgt 68 %.
5. Die Zahl der Lkw ohne Beanstandung ist doppelt so groß wie die Gesamtzahl der Anzeigen.
6. 35 Pkw-Fahrer erhielten eine gebührenpflichtige Verwarnung.
7. Insgesamt wurden 250 Fahrzeuge kontrolliert.
8. Die Gesamtzahl der Verwarnungen ist nicht 25.
9. Von einem Fahrzeugtyp wurden 170 kontrolliert
10. Bei den Lkw gab es 15 Verwarnungen weniger als bei den Pkw.

Beliebte Musikrichtungen

In einer Umfrage im 7./8. Schuljahr wurden die Schüler nach ihren bevorzugten Musikrichtungen gefragt.

Ergänze zunächst die fehlenden Werte bei Stufe bzw. Gesamtzahl.
Pop-Rock Stufe 8: 40 Schüler, Techno gesamt: 90 Schüler, Hip-Hop gesamt: 80 Schüler

Welche relative Häufigkeit hat die Musikrichtung Techno, welche Hip-Hop?
Techno hat die relative Häufigkeit von 36 %, Hip-Hop von 32 %.

Mögliche Reihenfolge: 3 – 4 – 6 – 7 – 8 – 2 – 10 – 11 – 12 – 1 – 9 – 5

Klassenstufe	Pop-Rock	Techno	Hip-Hop	Schlager
7	30	50	35	5
8	40	40	45	5
gesamt	70	90	80	10
rel. Häufigkeit	28 %	36 %	32 %	4 %
Rechnung	70 : 250 = 0,28 = 28 %	90 : 250 = 0,36 = 36 %	80 : 250 = 0,32 = 32 %	10 : 250 = 0,04 = 4 %

1. In der Stufe 7 wählen die meisten Schüler Techno.
2. Schlager als Musikwunsch ist in beiden Stufen gleich stark vertreten.
3. In der Stufe 8 entscheiden sich 45 Schüler für Hip-Hop.
4. Die relative Häufigkeit beim Schlager liegt bei 4 %.
5. 28 % relative Häufigkeit trifft nicht auf Hip-Hop zu.
6. Techno erhielt in der Stufe 8 40 Nennungen.
7. Insgesamt 70 Schüler entscheiden sich für Pop-Rock.
8. Nur 5 Schüler wählten in der Stufe 7 den Schlager.
9. Techno ist aufgrund der relativen Häufigkeit am beliebtesten.
10. 30 Schüler entscheiden sich in der Stufe 7 für Pop-Rock.
11. Für Hip-Hop entscheiden sich in beiden Stufen je 5 Schüler mehr als für Pop-Rock.
12. Die meisten Stimmen für eine Musikrichtung in einer Klasse waren 50.

Weitwurfwettkampf

Die fünf besten Werfer aus den Klassen 7a und 7b treten zu einem Wettkampf an. Jeweils der beste Wurf wird notiert und anschließend der Mittelwert berechnet.

Welche Klasse gewinnt den Wettkampf?

Berechne jeweils den Mittelwert.

Schülername	Wurfweite	Schüler 7b	Wurfweite

1. Uli und Marc sind Werfer der 7a und werfen zusammen 109 m.
2. Timo und Afrad gehören nicht zur Klasse 7a.
3. Timo wirft mit 65 m am weitesten von allen Schülern.
4. Marc hat den kürzesten Wurf von allen.
5. Sergej wirft genauso weit wie Toni.
6. Toni aus der 7a wirft 8 m kürzer als der beste Werfer.
7. 46 m und 49 m von Afrad sind die schlechtesten Ergebnisse.
8. Mohammed und Nico aus der 7b werfen genauso weit wie Luca aus der 7a.
9. Micha aus der 7b wirft 1 m kürzer als Uli aus der 7a.
10. 55 m werden von drei Schülern erreicht.

Statistische Grunddaten

Über die Klasse 8a werden im Sportunterricht statistische Daten aus verschiedenen Sportbereichen gesammelt, um diese mit den Parallelklassen vergleichen zu können.

Welche zeitliche Spannweite ergibt sich bei den Laufleistungen?

Wie weit stieß der beste Kugelstoßer der Klasse?

Bereich	Minimum	Maximum	Spannweite

1. 1,25 m ist nicht das Minimum beim Weitsprung.
2. Eine Spannweite beträgt 3,10 m.
3. Das Maximum beim Körpergewicht ist 65 kg.
4. 17,5 s ist ebenfalls eine Maximumangabe.
5. Bei einer Sportart liegt das Minimum bei 6,20 m.
6. Ein Maximumwert beträgt 1,55 m.
7. Die Spannweite ist bei der Körpergröße der Schüler 30 cm.
8. Der weiteste Sprung ist 4,55 m.
9. 13,0 s benötigte der schnellste Läufer für die 100 m.
10. Beim Weitsprung differieren die Werte zwischen 3,10 m und 4,55 m.
11. Der leichteste Schüler wiegt nur 48 kg.
12. Bei den Spannweiten sind noch 17 kg und 1,45 m einzutragen.

Lösungen

Weitwurfwettkampf

Die fünf besten Werfer aus den Klassen 7a und 7b treten zu einem Wettkampf an. Jeweils der beste Wurf wird notiert und anschließend der Mittelwert berechnet.

Welche Klasse gewinnt den Wettkampf?

Die Klasse 7b erreicht den Mittelwert 57,20 m und gewinnt damit den Wettkampf.

Berechne jeweils den Mittelwert.

7a: 57 m + 46 m + 63 m + 55 m + 57 m = 278 m; 278 m : 5 = 55,60 m

7b: 65 m + 49 m + 62 m + 55 m + 55 m = 286 m; 286 m : 5 = 57,20 m

Mögliche Reihenfolge: 2 – 3 – 6 – 4 – 7 – 1 – 5 – 9 – 8 – 10

Schülername	Wurfweite	Schüler 7b	Wurfweite
Toni	57 m	Timo	65 m
Marc	46 m	Afrad	49 m
Uli	63 m	Micha	62 m
Luca	55 m	Mohammed	55 m
Sergej	57 m	Nico	55 m

1. Uli und Marc sind Werfer der 7a und werfen zusammen 109 m.
2. Timo und Afrad gehören nicht zur Klasse 7a.
3. Timo wirft mit 65 m am weitesten von allen Schülern.
4. Marc hat den kürzesten Wurf von allen.
5. Sergej wirft genauso weit wie Toni.
6. Toni aus der 7a wirft 8 m kürzer als der beste Werfer.
7. 46 m und 49 m von Afrad sind die schlechtesten Ergebnisse.
8. Mohammed und Nico aus der 7b werfen genauso weit wie Luca aus der 7a.
9. Micha aus der 7b wirft 1 m kürzer als Uli aus der 7a.
10. 55 m werden von drei Schülern erreicht.

Statistische Grunddaten

Über die Klasse 8a werden im Sportunterricht statistische Daten aus verschiedenen Sportbereichen gesammelt, um diese mit den Parallelklassen vergleichen zu können.

Welche zeitliche Spannweite ergibt sich bei den Laufleistungen?

Bei den Laufleistungen beträgt die Spannweite 4,5 Sekunden.

Wie weit stieß der beste Kugelstoßer der Klasse?

9,30 Meter ist die beste Weite beim Kugelstoßen.

Mögliche Reihenfolge: 3 – 4 – 7 – 8 – 9 – 5 – 1 – 10 – 6 – 11 – 2 – 12

Bereich	Minimum	Maximum	Spannweite
Körpergewicht	48 kg	65 kg	17 kg
Körpergröße	1,25 m	1,55 m	30 cm
Weitsprung	3,10 m	4,55 m	1,45 m
100-Meter-Lauf	13,0 s	17,5 s	4,5 m
Kugelstoßen	6,20 m	9,30 m	3,10 m

1. 1,25 m ist nicht das Minimum beim Weitsprung.
2. Eine Spannweite beträgt 3,10 m.
3. Das Maximum beim Körpergewicht ist 65 kg.
4. 17,5 s ist ebenfalls eine Maximumangabe.
5. Bei einer Sportart liegt das Minimum bei 6,20 m.
6. Ein Maximumwert beträgt 1,55 m.
7. Die Spannweite ist bei der Körpergröße der Schüler 30 cm.
8. Der weiteste Sprung ist 4,55 m.
9. 13,0 s benötigte der schnellste Läufer für die 100 m.
10. Beim Weitsprung differieren die Werte zwischen 3,10 m und 4,55 m.
11. Der leichteste Schüler wiegt nur 48 kg.
12. Bei den Spannweiten sind noch 17 kg und 1,45 m einzutragen.

Lostrommel

In einer Trommel befinden sich vier Bälle: zwei grüne, ein roter und ein blauer Ball. Lena grübelt über der Frage: Wie hoch ist die Wahrscheinlichkeit erst Rot und dann Blau zu ziehen, wenn gezogene Bälle nicht mehr in die Trommel zurückgelegt werden?

Welche Wahrscheinlichkeit hat die Kombination *erst Rot, dann Blau*?

Ergänze zunächst die fehlenden Kästchen.

1. $^{1}/_{2}$ ist die Wahrscheinlichkeit, beim ersten Zug einen grünen Ball zu ziehen.
2. Für den Fall *Erster Zug roter Ball* gibt es für den zweiten Zug zwei Wahrscheinlichkeiten.
3. $^{1}/_{3}$ ist die Wahrscheinlichkeit für jeden Ball des zweiten Zuges, wenn zunächst ein grüner Ball gezogen wird.
4. Für die erste Ziehung gibt es drei Möglichkeiten.
5. Wird zuerst ein grüner Ball gezogen, ergeben sich beim zweiten Zug drei Möglichkeiten.
6. Für den Fall *Erster Zug roter Ball* gibt es beim zweiten Zug eine Wahrscheinlichkeit von $^{2}/_{3}$ für einen grünen Ball.
7. Die Kombination *roter Ball, dann grüner Ball* hat eine Wahrscheinlichkeit von 1:6.
8. Ein roter Ball beim ersten Zug hat die Wahrscheinlichkeit 1:4.
9. Wird zuerst eine blaue Kugel gezogen, ist für den zweiten Zug die Wahrscheinlichkeit Rot zu ziehen 1:3.
10. Die blaue Kugel wird beim ersten Zug parallel zu Rot eingetragen.

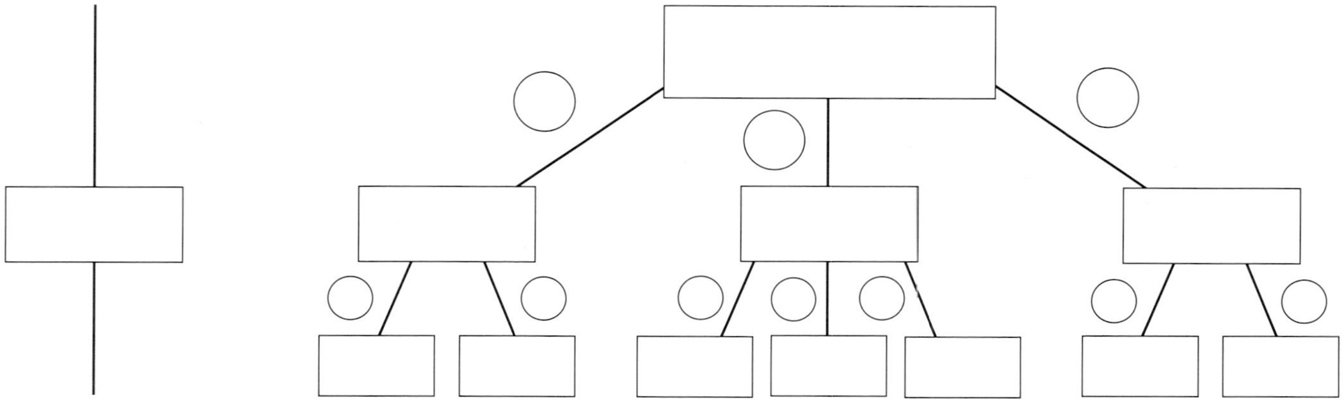

Stifte ziehen

In einer Kiste befinden sich verschiedene Buntstifte. Lars soll aus der Kiste mit verdeckten Augen dreimal drei Stifte ziehen, wobei diese jeweils wieder in die Kiste zurückgelegt werden. Hanna soll ebenfalls dreimal drei Stifte ziehen, aber die Stifte immer erst nach dem Ziehen von drei Stiften wieder zurücklegen.
Wie heißt die Regel für alle Beispiele im Fall B?

____

____

Berechne die Wahrscheinlichkeit für die acht aufgeführten Kombinationen.

____

____

____

____

____

	Kombination 1	**Kombination 2**	**Kombination 3**	**Kombination 4**
Fall A 6 blaue 7 rote 9 weiße (insgesamt 22)	gezogene Farben Aufstellung der Faktoren	gezogene Farben Aufstellung der Faktoren	gezogene Farben Aufstellung der Faktoren	gezogene Farben Aufstellung der Faktoren
Fall B 6 blaue 7 rote 9 weiße (insgesamt 22)	gezogene Farben Aufstellung der Faktoren	gezogene Farben Aufstellung der Faktoren	gezogene Farben Aufstellung der Faktoren	gezogene Farben Aufstellung der Faktoren

1. Für Fall A gibt es die Kombination 1: blauer, roter, weißer Stift.
2. Insgesamt liegen 22 Stifte in der Kiste.
3. Bei Kombination 4 muss für Fall A dreimal der gleiche Faktor $^{9}/_{22}$ multipliziert werden.
4. Bei Fall A und Fall B liegen die gleichen Farbkombinationen zugrunde.
5. Bei dreimal blauen Stiften ergibt sich für Fall B $^{6}/_{22} \cdot {}^{5}/_{21} \cdot {}^{4}/_{20}$.
6. Das Aufstellen der Faktoren läuft für Fall B prinzipiell auf gleiche Weise – es muss nur jeweils der nicht zurückgelegte Stift abgezogen werden.
7. Kombination 4 besagt: Es wird dreimal ein weißer Stift gezogen.
8. Für den Fall A wird die Gesamtzahl der Stifte mit dem entsprechenden Farbenanteil als Bruch multipliziert.
9. Bei Fall A ergibt sich für Kombination 1 folgende Aufstellung der Faktoren: $^{6}/_{22} \cdot {}^{7}/_{22} \cdot {}^{9}/_{22}$.
10. Fall B geht bei Kombination 2 von dreimal gezogenen blauen Stiften aus.
11. Es gibt sechs blaue, sieben rote und neun weiße Stifte in der Kiste.
12. Fall B hat auch die Kombination zweimal weiß und ein roter Stift.

Lostrommel

In einer Trommel befinden sich vier Bälle: zwei grüne, ein roter und ein blauer Ball. Lena grübelt über der Frage: Wie hoch ist die Wahrscheinlichkeit erst Rot und dann Blau zu ziehen, wenn gezogene Bälle nicht mehr in die Trommel zurückgelegt werden?

Welche Wahrscheinlichkeit hat die Kombination *erst Rot, dann Blau*?

Die Wahrscheinlichkeiten entlang eines Pfades werden multipliziert: $^1/_4 \cdot {}^1/_3 = {}^1/_{12}$

Ergänze zunächst die fehlenden Kästchen.

Mögliche Reihenfolge: 2 – 5 – 4 – 1 – 6 – 3 – 8 – 10 – 9 – 7

1. $^1/_2$ ist die Wahrscheinlichkeit, beim ersten Zug einen grünen Ball zu ziehen.
2. Für den Fall *Erster Zug roter Ball* gibt es für den zweiten Zug zwei Wahrscheinlichkeiten.
3. $^1/_3$ ist die Wahrscheinlichkeit für jeden Ball des zweiten Zuges, wenn zunächst ein grüner Ball gezogen wird.
4. Für die erste Ziehung gibt es drei Möglichkeiten.
5. Wird zuerst ein grüner Ball gezogen, ergeben sich beim zweiten Zug drei Möglichkeiten.
6. Für den Fall *Erster Zug roter Ball* gibt es beim zweiten Zug eine Wahrscheinlichkeit von $^2/_3$ für einen grünen Ball.
7. Die Kombination *roter Ball, dann grüner Ball* hat eine Wahrscheinlichkeit von 1:6.
8. Ein roter Ball beim ersten Zug hat die Wahrscheinlichkeit 1:4.
9. Wird zuerst eine blaue Kugel gezogen, ist für den zweiten Zug die Wahrscheinlichkeit Rot zu ziehen 1:3.
10. Die blaue Kugel wird beim ersten Zug parallel zu Rot eingetragen.

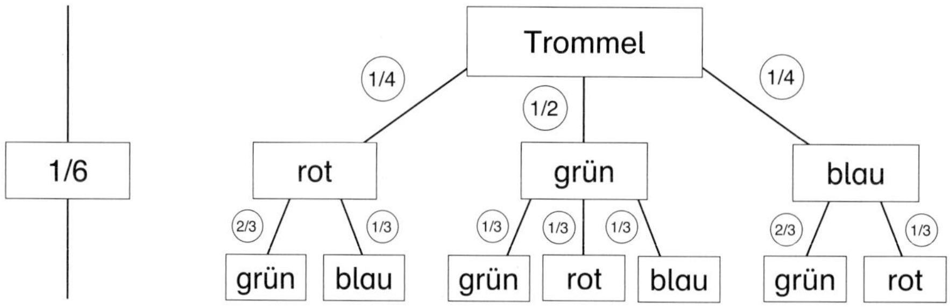

Stifte ziehen

In einer Kiste befinden sich verschiedene Buntstifte. Lars soll aus der Kiste mit verdeckten Augen dreimal drei Stifte ziehen, wobei diese jeweils wieder in die Kiste zurückgelegt werden. Hanna soll ebenfalls dreimal drei Stifte ziehen, aber die Stifte immer erst nach dem Ziehen von drei Stiften wieder zurücklegen.
Wie heißt die Regel für alle Beispiele im Fall B?

Es wird jeweils der gezogene Stift sowohl bei der Gesamtzahl als auch der Farbe abgezogen und die drei Faktoren miteinander multipliziert.

Berechne die Wahrscheinlichkeit für die acht aufgeführten Kombinationen.

Rechnung: Fall A

$^{378}/_{10.648}$ = 3,5 % **$^{216}/_{10.648}$ = 2,0 %** **$^{567}/_{10.648}$ = 5,3 %** **$^{729}/_{10.648}$ = 6,8 %**

Rechnung: Fall B

$^{378}/_{9.240}$ = 4,1 % **$^{120}/_{9.240}$ = 1,3 %** **$^{504}/_{9.240}$ = 5,5 %** **$^{504}/_{9.240}$ = 5,5 %**

Mögliche Reihenfolge: 2 – 11 – 1 – 3 – 10 – 5 – 7 – 9 – 12 – 4 – 8 – 6

	Kombination 1	Kombination 2	Kombination 3	Kombination 4
Fall A 6 blaue 7 rote 9 weiße (insgesamt 22)	gezogene Farben **blau rot weiß** Aufstellung der Faktoren **$^6/_{22} \cdot {}^7/_{22} \cdot {}^9/_{22}$**	gezogene Farben **blau blau blau** Aufstellung der Faktoren **$^6/_{22} \cdot {}^6/_{22} \cdot {}^6/_{22}$**	gezogene Farben **weiß weiß rot** Aufstellung der Faktoren **$^9/_{22} \cdot {}^9/_{22} \cdot {}^7/_{22}$**	gezogene Farben **weiß weiß weiß** Aufstellung der Faktoren **$^9/_{22} \cdot {}^9/_{22} \cdot {}^9/_{22}$**
Fall B 6 blaue 7 rote 9 weiße (insgesamt 22)	gezogene Farben **blau rot weiß** Aufstellung der Faktoren **$^6/_{22} \cdot {}^7/_{21} \cdot {}^9/_{20}$**	gezogene Farben **blau blau blau** Aufstellung der Faktoren **$^6/_{22} \cdot {}^5/_{21} \cdot {}^4/_{20}$**	gezogene Farben **weiß weiß rot** Aufstellung der Faktoren **$^9/_{22} \cdot {}^8/_{21} \cdot {}^7/_{20}$**	gezogene Farben **weiß weiß weiß** Aufstellung der Faktoren **$^9/_{22} \cdot {}^8/_{21} \cdot {}^7/_{20}$**

1. Für Fall A gibt es die Kombination 1: blauer, roter, weißer Stift.
2. Insgesamt liegen 22 Stifte in der Kiste.
3. Bei Kombination 4 muss für Fall A dreimal der gleiche Faktor $^9/_{22}$ multipliziert werden.
4. Bei Fall A und Fall B liegen die gleichen Farbkombinationen zugrunde.
5. Bei dreimal blauen Stiften ergibt sich für Fall B $^6/_{22} \cdot {}^5/_{21} \cdot {}^4/_{20}$.
6. Das Aufstellen der Faktoren läuft für Fall B prinzipiell auf gleiche Weise – es muss nur jeweils der nicht zurückgelegte Stift abgezogen werden.
7. Kombination 4 besagt: Es wird dreimal ein weißer Stift gezogen.
8. Für den Fall A wird die Gesamtzahl der Stifte mit dem entsprechenden Farbenanteil als Bruch multipliziert.
9. Bei Fall A ergibt sich für Kombination 1 folgende Aufstellung der Faktoren: $^6/_{22} \cdot {}^7/_{22} \cdot {}^9/_{22}$.
10. Fall B geht bei Kombination 2 von dreimal gezogenen blauen Stiften aus.
11. Es gibt sechs blaue, sieben rote und neun weiße Stifte in der Kiste.
12. Fall B hat auch die Kombination zweimal weiß und ein roter Stift.

Abbildungsverzeichnis

Covergrafik, Piktogramme und Maler S. 54: Julia Flasche

Lautsprecher S. 75: Oliver Wetterauer

weitere Illustrationen: Stefan Lucas

Konstruktionen S. 11, 12, 44, 45, 52, 53, 64, 72: Satzpunkt Ursula Ewert GmbH